LOS NUEVOS VIÑADORES

UNA NUEVA GENERACIÓN DE VITICULTORES ESPAÑOLES

葡萄园守望者
西班牙新一代酿酒师

[西] Luis Gutiérrez 编著

韩祯祺 冯晓雨 译

上海科学技术出版社

图书在版编目（CIP）数据

葡萄园守望者：西班牙新一代酿酒师 /（西）路易
斯·古铁雷斯编著；韩祯祺，冯晓雨译. -- 上海：上
海科学技术出版社，2022.7
  ISBN 978-7-5478-5617-8

  Ⅰ. ①葡… Ⅱ. ①路… ②韩… ③冯… Ⅲ. ①葡萄酒
－介绍－西班牙 Ⅳ. ①TS262.61

  中国版本图书馆CIP数据核字(2021)第278058号

LOS NUEVOS VIÑADORES: UNA NUEVA GENERACIÓN DE VITICULTORES ESPAÑOLES

© del texto: Luis Gutiérrez

© de las fotografías: Estanis Núñez

Primera edición: junio 2017

© Editorial Planeta, S. A., 2017

Av. Diagonal, 662-664, 08034 Barcelona (España)

Planeta Gastro es marca registrada por Editorial Planeta, S. A.

上海市版权局著作权合同登记号 图字：09-2020-1058 号

葡萄园守望者：西班牙新一代酿酒师

［西］Luis Gutiérrez　编著

韩祯祺　冯晓雨　译

李自然　审校

上海世纪出版（集团）有限公司
上海科学技术出版社　出版、发行
（上海市闵行区号景路 159 弄 A 座 9F–10F）
邮政编码 201101　　www.sstp.cn
上海雅昌艺术印刷有限公司印刷
开本 889 × 1194　1/16　印张 16.75
字数 550 千字
2022 年 7 月第 1 版　2022 年 7 月第 1 次印刷
ISBN 978-7-5478-5617-8/TS·251
定价：200.00 元

序

　　我深感荣幸能受邀为此书作序。这是一本精彩非凡且富有深度的葡萄酒著作，它由西班牙葡萄酒权威、《葡萄酒倡导家》杂志（Wine Advocate）的撰稿人路易斯·古铁雷斯（Luis Gutiérrez）先生编著。作者在探索西班牙和其他国家产区的顶级葡萄酒方面，拥有宝贵且丰富的经验。此外，居住在马德里也为作者提供便利，使其既可以去往现在最热门的新兴产区，也能轻松到达传统和古老的产区。路易斯还是 elmundovino 网站的创始人之一，这个葡萄酒网站是西班牙语同类网站中最具权威性的，从 2000 年路易斯就开始为其供稿和品鉴酒款。在过去的 4 年多时间里，他以《葡萄酒倡导家》杂志的西班牙和南美葡萄酒权威而声名远播。路易斯笔耕无数，还作为独立撰稿人在西班牙、葡萄牙、美国和英国的多本美食刊物上发表文章。在为《葡萄酒倡导家》杂志供稿之前，他还为杰西斯·罗宾逊网站工作，负责为大获成功的图书《1001 款你死前必尝的葡萄酒》（1001 Wines You Must Try Before You Die）撰写西班牙葡萄酒部分，同时还联合编著 2001 年版的《里奥哈和西班牙西北部顶级葡萄酒》（The Finest Wines of Rioja and Northwest Spain）一书。

　　路易斯·古铁雷斯是一位无与伦比的权威，他饱含热情，对世界各地的好酒均是如此，但在本书中，他着重于他挚爱的西班牙葡萄酒和未来的超级巨星们。非凡的地理、历史、气候和多样的土壤类型及风土，从这些维度以前所未有的广度和细节为切入点，探索呈现这个国家最新一代酿酒师的故事。简而言之，本书以一种令人耳目一新的讲述方式和最为纯粹的细节描绘，介绍了这个世界上部分最为复杂和最引人注目的葡萄酒。

　　祝贺路易斯·古铁雷斯这部作品的出版，此书与众不同、富有原创性，是对葡萄酒文学的绝佳贡献。

罗伯特·帕克
2016 年 8 月 15 日
美国马里兰州

目　录

导　读

　　他是为雪利酒厂工作一生，如今被骑三轮车长大的新一代称为爷爷的绅士；他是一位工人的儿子，为大酒庄工作逾 10 年，将工资都用来买村里的老藤地块，以防它们被连根拔起，如今他的葡萄酒终于上市了。猜猜他们之间有何相似之处？抑或是一群大学里认识的朋友创立了葡萄酒咨询公司，在不同的产区酿造出了突破性的葡萄酒，同时也为加纳利群岛的葡萄酒改头换面，他们又与上文的酿酒师们有何共同点？我们谈论的是一群各不相同的人，他们的生活却又有着相似之处。

　　他们中的一些人常驻于酒庄，有的已经几次从头开始了，有些人尚在为生计挣扎不断找寻生活的道路，也有来自富裕家庭的人，他们的生活不受限制。这是一群来自西班牙不同葡萄酒产区的人们，他们组成了一个新时代，虽然其中有人将要退休，有些则刚学会飞翔。这些人代表了西班牙葡萄酒极好的多样性，因为同一个原因——热爱，他们的生活被紧紧联系在一起。

　　他们对葡萄酒、乡村、葡萄园、传统、从事的职业和美食都充满热爱。简而言之，他们对生活饱含热忱。这是新一代的葡萄种植者和酿酒师，正在西班牙酿造一些顶级葡萄酒，即使其中的一些人甚至还没意识到这点。他们代表了西班牙葡萄酒的现在和未来，但是也和过去紧密相连，借助在经年岁月中早已逐渐被遗忘的传统，而那些传统是很多人坚信的未来。

　　他们环游世界、享用珍馐美馔、享受生活、品尝不同的葡萄酒。他们挑战既有事物、突破极限，也会犯错，继而学习和改进。他们求知若渴、虚心若愚，有些人已经获得成功，而另一些才刚刚起步。他们生产不同价位和风格的白葡萄酒、桃红葡萄酒、红葡萄酒、起泡酒、甜酒或加强酒；努力酿造出能够捕捉当地风貌、反映产地和地区传统的葡萄酒。

　　这些葡萄酒描绘了酒标上的文字：某个产区，或是某些葡萄品种的某个年份；也摆脱了以前的用力过猛：在过去黑暗的十年里，葡萄酒多余的层次掩盖了其过度成熟、过度萃取、过度陈年和定价过高的状况。有些人见证了非传统地区的复兴，即使那里直到现在仍处于休眠状态，也未被慧眼发现。西班牙是世界上最多元化的葡萄酒生产国之一，如果我们把所有的葡萄酒都酿造成相同的色泽、香气和味道，掩盖了多样性，那就实在太可惜了。

　　我与摄影师埃斯坦尼斯·努涅兹（Estanis Núñez）一起旅行了近两年，他是我的老朋友了，我们就像回到了以前的摇滚时代，一起拍照、吃饭和喝酒。本书包含了 14 个葡萄种植者和酿酒师的故事，每一位都与众不同，涵盖了西班牙大部分的葡萄酒产区。当然还有其他人，但这是我的个人选择。他们的故事关乎产区的历史、风貌、葡萄园、美食、热情和传统。

　　在这里没有单宁、花青素、年份、评分或品酒笔记，我几乎不会谈论葡萄酒本身；但你会发现经常被大家遗忘的人性的一面，以及瓶中酒的周边故事，包括当地美食（葡萄酒在其中起着重要作用）和每位酿酒师的一些个人感受。

　　他们的人生目标就是通过一瓶葡萄酒来描绘他们的葡萄园、村庄和风貌的独特性。当你啜饮葡萄酒的那一刻，它可以带你回到酿造的时间和地点。

　　他们是新一代的葡萄种植者和酿酒师，新一代的西班牙葡萄园守望者。

　　注：viñador, ra 意为葡萄栽培者和葡萄园看护者（阳性和阴性名词）

第一章

特内里费

Envínate

从左到右：劳拉、何塞·安赫尔、罗伯托和阿方索

Envínate 缘起

阿方索（Alfonso）、何塞（José）、劳拉（Laura）和罗伯托（Roberto）相识于学生时代，学习酿造学让他们齐聚于阿利坎特省（Alicante）埃尔切市（Elche）的米盖尔·埃尔南德斯大学。他们分享书本和实验室，一同去上课和考试，甚至还在奥里乌埃拉（Orihuela）的一处公寓里同住。由于学生时代相处愉快，所以毕业后四位好朋友决定共同创立一家葡萄酒咨询公司。然而，创业绝非易事，他们在一起为其他酒庄做顾问的同时，各自也会去有活干的地方当酿酒师养活自己。渐渐地，他们开始酿造出小批量自己的葡萄酒，就在那些他们做顾问的产区或者他们各自的家乡。阿方索来自加利西亚（Galicia）、何塞来自阿

尔巴塞特（Albacete）、劳拉来自穆尔西亚（Murcia）、罗伯托来自加纳利群岛（Islas Canarias）（译者注：西班牙按行政区域划分为17个自治区，每个自治区可包含若干省份，也可以是单一省份自治区）。

我们说的就是阿方索·托伦特（Alfonso Torrente）、何塞·安赫尔·马丁内斯（José ángel Martínez）、劳拉·拉莫斯（Laura Ramos）和罗伯托·桑塔纳（Roberto Santana），他们也被称为 Envínate！这个名字（意为"喝酒吧"）或许你也猜到了，并不是指一个人，而是指一群朋友。友谊必须第一，其次便是一群爱好者对于葡萄酒的热爱了。在本书中，你会见到四位好友置身于景色壮观的特内里费（Tenerife）

葡萄园中。当然，也完全可能是在埃斯特雷马杜拉（Extremadura）、阿尔曼萨（Almansa）或加利西亚见到他们的身影。在这些产区，他们已经出产自己的葡萄酒，而在蒙的亚（Montilla）或曼确拉（Manchuela）产区，他们的尝试才刚刚开始。但毋庸置疑的是，他们绝不会就此止步。

2012 年，我与阿方索和罗伯托初次见面，那时他们的酿酒事业刚刚起步，才从胡米亚（Jumilla）的 Casa Castillo 酒庄离开，我们在此之前或许已经有过交集。他们和 Casa Castillo 酒庄的渊源在第六章里有提及，何塞·玛利亚·文森特（José María Vicente）是他们的导师之一，也是其灵感来源、推动者和朋友，他们曾经尝试（现在依然在尝试）要一起喝遍世界上最好的酒。我们相识于一场晚餐，那晚我们喝了不少好酒。晚餐的最后，他们给了我一些样品酒，贴着丑丑的酒标，上面写着"Lousas"和"Palacio Quemado"。

"尝尝这些葡萄酒吧，"他们对我说，"瓶里是我们酿的酒，不过还在试验中。"酒标的样子并没让我对这酒有多大信心，何况埃斯特雷马杜拉能产出什么好葡萄酒？但当我打开瓶塞时，我被惊艳了。我心想："这些家伙是认真的。"如今这些葡萄酒早就不是试验品了，它们成了真实的存在，而且那些巴洛克风格的酒标也渐渐被更为优雅和质朴的酒标取代。

解开线团

让我想想，我该怎么讲清楚他们参与的所有项目呢？实在太复杂了。他们在很多产区酿酒，包括萨克拉河岸（Ribeira Sacra）、埃斯特雷马杜拉和阿尔曼萨，以及加纳利群岛。"Lousas"是加利西亚语（译者注：西班牙国土面积不大，但有不同的官方语言，其中使用最多的有卡斯蒂利亚语、加泰罗尼亚语、加利西亚语、巴斯克语和巴伦西亚语等），指在萨克拉河岸的一些葡萄园中能找到的一类板岩，他们就用这个名字来命名在此出产的一系列葡萄酒。本书提及的几乎所有人都有同样的一种理念，就是要与他人有所区别，做到差异化，根据葡萄酒的原产地和不同葡萄园的品质、潜力来定义一种分级制度。他们遵循的是一种类似于勃艮第的葡萄园分级制度，这也被世界上大多风土学家沿用。

2014年，他们在加利西亚创立了一座小型酒庄，当然最初的重点自然是葡萄园。他们在这儿出产了一款村级酒（village），这款葡萄酒的原料来自同一村庄的不同地块，被命名为Viñas de Aldea（村镇级）。而葡萄园级别的葡萄酒（cru）来自单一葡萄园，被称为de Parcela（地块级），目前他们已经发布了两款，分别是Camiño Novo和Seoane。我相信这项事业不会止步于此……

他们担任埃斯特雷马杜拉Palacio Quemado酒庄的顾问，这家酒庄由来自科尔多瓦（Córdoba）蒙的亚的Alvear家族所有。Envínate团队欣喜地发现，居然有人在葡萄园里种植了来自阿连特茹（Alentejo）的葡萄牙品种，这些品种几乎被认作当地的原生品种。相比栽种法国品种，葡萄牙品种在该产区显得更为合理。但是问题来了，这些品种并未在西班牙农业部注册，因此理论上它们是不能在西班牙种植的。我们权当这是个法规上的小漏洞吧，总会有人去解决的，目前他们使用红阿玛瑞拉（Tinta Amarela）葡萄酿酒，这个品种更多见于斗罗产区（Douro），在阿连特茹则被称为特林加岱拉（Trincadeira Preta）。由于注册的问题，他们简称它为T.Amarela，再加上所在葡萄园的名字——Parcela Valdemedel。这是一款低调的酒，虽然它现在是埃斯特雷马杜拉最好的葡萄酒之一。因为他们为Alvear家族工作，所以也就决定在蒙的亚酿酒。他们很快会进入"酒花"的世界，开始酿造生物陈年的葡萄酒（译者注：在蒙的亚生产和雪利酿造工艺相同的加强酒，其中生物陈年的类别需要带"酒花"陈年，而酒花的本质是一类酵母）。

虽然他们大多数的酒都带着"大西洋葡萄酒（vinos atlánticos）"的小标题，意为产自凉爽气候，但同时也出产一些地中海风格的葡萄酒。特别是一款名为Albahara的酒，产自阿尔曼萨，Envínate在那儿做酿酒顾问，酒款目前用廷托雷拉歌海娜（Garnacha Tintorera）葡萄酿造，没有原产地名称保护的标签。它比任何我所知晓的用廷托雷拉歌海娜或阿利坎特－布榭（Alicante Bouschet）酿造的葡萄酒都更轻盈、清爽和精致（译者注：这两种葡萄是同一个品种，在西班牙和法国有不同的名字，也常被翻译为紫北塞）。"我们开始在曼确拉使用莫拉维亚（Moravia Agria），这是一种不太知名的葡萄品种，但能为葡萄酒带来酸度，我们希望它能平衡廷托雷拉歌海娜，赋予Albahara葡萄酒更多清爽度。"

我特意把加纳利群岛留到最后说，因为它的故事太多了。这些岛屿上的酿酒潜力巨大。大多数岛屿上多山地形造就的海拔差异和临海的地理位置，以及足够多的葡萄品种，使得加纳利可以酿制出风格多样的葡萄酒。例如，特内里费是西班牙全境最高的山——泰德山（El Teide）的所在地，那里的种植条件很适合出产性格鲜明的葡萄酒，在当下的全球市场具有极大的竞争优势。因此，早前居然从未有人想要开发这份潜力也真是奇怪。

2008年至2016年4月，罗伯托担任Suertes del Marqués酒庄的酿酒师，酒庄位于特内里费的奥罗塔巴山谷（Valle de La Orotava）。2010年起，他一手

Margalagua 葡萄园

设计和引领了酒庄葡萄酒的转型,从 2011 年份的葡萄酒中已然可以注意到变化。他开启了加纳利群岛葡萄酒的革命。潜力一直存在于那里,只是需要有人把它从休眠状态中唤醒。在罗伯托离开 Suertes del Marqués 酒庄前,我们齐聚奥罗塔巴山谷,一同欣赏酒庄葡萄园的壮丽景色,当时酒庄由家族成员乔纳森·加西亚(Jonatan García)掌舵。

奥罗塔巴山谷的特别之处在于他们的剪枝方式,将葡萄藤塑造成一种独特的样式。让我解释一下:我想你们一定见到过很多 1 米或 1.5 米株间距栽种的葡萄藤,最多 2 ~ 3 米的株间距;而在奥罗塔巴的葡萄藤都是 20 米甚至 30 米的栽种间隔。其实原因很简单,因为每株葡萄藤可以长达 10 米或 15 米!这源自 cordón trenzado 剪枝法,即"编织法",它根据空间大小,允许葡萄藤横向生长,长出如同"手臂"一样的藤蔓。"手臂"有时只有一条,有时却有几条(几乎就在我写下这句话时,我看到一张编织剪枝法的葡萄藤照片:有 5 条"手臂",每一条都有 3 ~ 5 米长);它们伸出巨大的触手,将新长出的藤蔓编织在一起,直到看上去像个大发髻。这种样式几乎是这座山谷独有的,也许还能在这座岛上的其他几处地方看到。有人告诉我,在亚速尔群岛(Azores)上也有类似的景象,但我尚未亲眼看到。

对于这种独一无二的葡萄藤形状存在不同的理论。有人说,这是为了控制亚热带气候下植被的活力,如不加控制,这里的植物会像野草般疯长;也有人认为,这种剪枝方法的发展是因为玛尔维萨(Malvasía)葡萄,它是岛上的经典品种,唯有让其舒展生长,才能结出果实。无论如何,罗伯托和酒庄的主人们一起用 Suertes del Marqués 酒庄令人惊奇的葡萄藤酿制出了一系列佳酿,以惊艳的 El Ciruelo 酒为旗舰款。这些葡萄品种主要是黑丽诗丹(Listán Negro),也有白丽诗丹〔Listán Blanco,即帕罗米诺(Palomino)〕、黑巴伯索〔Baboso Negro,即黑弗榭罗(Alfrocheiro Preto)〕和廷蒂亚(Tintilla)……这场变革也启发了加纳利群岛的其他酿酒师,让他们用新的方式表达当地的风土,除了 Envínate 还有来自邻近的拉帕尔马岛(La Palma)的 Matias i Torres,以及同样位于特内里费的博尔哈·佩雷斯(Borja Pérez)及其酒庄 Ignios Orígenes。

现在没有任何事物可以阻止他们的脚步。一旦这条道路形成,更多的项目会被发掘,我必须重申,毫无疑问的是,罗伯托·桑塔纳开启了这一切,Suertes del Marqués 酒庄鼓励并协助了他。必须找对方法,而罗伯托显然做到了:你不能在亚热带的气候下,用当地的淡色葡萄品种做出高度萃取、重度过桶的葡萄酒。你必须重新解读,完全忘记杜埃罗河岸(Ribera del Duero)的做法。"我们酿造自己也喜欢喝的葡萄酒。"讲这话的时候,我们正被无数葡萄酒瓶和葡萄酒杯的"海洋"围绕(我们这群人凑一起通常是这个场景)。"具有特性、新鲜度、无任何过度干预的葡萄酒,令人愉悦又能代表它的原产地。"我们一起来看下 Envínate 在岛上酿制的酒款吧!

"我们酿造自己也喜欢
喝的葡萄酒。"

Amogoje 葡萄园

达加南，来自达加纳纳，在阿纳加

　　这标题是不是看上去像个绕口令？其实达加南（Táganan）是他们酿造的酒款名字，达加纳纳（Taganana）是产酒的村庄，而阿纳加（Anaga）是他们所在地区的名字。我们先从最后的地区说起。阿纳加位于特内里费岛的右上角，因为太多山和过于狂野，那一区域几乎无人到访。天然的山势地形让其与世隔绝、无人问津。那里有座小村庄，名叫达加纳纳，时间仿佛凝固了几十年。酿酒师们用村庄最为古老和原始的名字命名他们的葡萄酒，即达加南。很直接，对吧？其实理论上，这一区域属于塔科隆特－阿森台霍原产地名称保护产区（Tacoronte-Acentejo），但是他们的酒太过独特，和这一产区的其他葡萄酒几乎没有相同点，因此酿酒师们决定不用原产地名称。

　　总体而言，加纳利群岛上的所有葡萄藤都是未嫁接的，也就是说从未被嫁接在美洲砧木上，奇迹般地，葡萄根瘤蚜虫从未侵袭过加纳利群岛。关于达加纳纳村，甚至从未有外人来过！至少没有其他人来找过葡萄园，因为即使路过也不一定能发现葡萄藤——它们都默默地长在隐蔽的地方，抑或大海之上的悬崖或梯田上。Envínate 团队之所以能发现这些隐蔽的葡萄园，得感谢一位历史学家朋友，他在查阅一些古文献的时候发现，"在达加纳纳村，你可以找到岛上最棒的葡萄园，这里曾出产最棒的葡萄酒"。随后，他马上通知了 Envínate 团队。

　　于是团队踏上了寻找被遗忘的葡萄园之旅。第一次亲眼见到这些葡萄园时，他们一定感到很惊艳。即使听说过也看过照片，但第一次亲眼所见时，一定会惊掉你的下巴。"我们第一次来的时候可不容易，因为没人听我们的。但当地人很快意识到我们对项目是认真的，现在我们和产区内 90% 的葡萄农合作。"极为不同的地形风貌把葡萄园分成几个不同的区域。其中，Margalagua 区域在村庄稍微偏西的地方，由一系列绵延的梯田组成，遍布着崎岖的红色火山土壤，生长着逾百岁的未经嫁接的葡萄藤，俯视着大西洋，直面北方。葡萄藤看上去像是扭曲着的蛇或蝾螈，穿梭于繁茂的植被间，还有蕨类植物点缀其间。"葡萄园位于海拔 100～400 米处的陡峭梯田上，土壤完全由手工翻动，且无特定的植株管理方式。随着植物的生长，需要将葡萄藤向上提起离开地面并固定住，主要使用一种木桩来完成。这项固定工作是从远古时期就延续下来的一种非常艰难的手工劳作。"

这样的场景介于但丁式的庄严和超现实主义的怪诞之间：粗糙、多瘤节的葡萄藤和看上去仿佛是由高迪在米罗协助下雕刻的岩石（译者注：高迪和米罗都

是西班牙著名的艺术家，以充满奇思怪想的风格而著称）。这些葡萄园是崭新的，因为未曾被发现；同时又是极致的古老和传统，因为这里的样子几百年未变。有些葡萄园，当你见到它的那一刻就会想："这里一定能出产超棒的葡萄酒。"达加纳纳村的葡萄园就是最好的例子。

"马德拉岛位于加纳利群岛北方仅 400 千米处，因此这里深受葡萄牙的影响，特别是特内里费岛这个区域。"当我问及葡萄品种时，罗伯托如是解释道："我们这儿和葡萄牙有许多类似的品种。这里的黑巴伯索是葡萄牙的黑弗榭罗，这里的黑摩尔（Negramoll）是马德拉的黑莫乐（Tinta Negra 或 Negra Mole），瓜尔（Gual）就是波尔（Boal），维尔德约（Verdello）的叫法相同，麝香（Moscatel）和玛尔维萨也是如此。"在他们的葡萄园里，几乎所有品种都有一点，如黑摩尔、黑丽诗丹、卡乔丽诗丹

Santiago de Teide 葡萄园

（Listán Gacho）、廷蒂亚、巴伯索（Baboso），维哈利埃格（Vijariego）、黑玛尔维萨（Malvasia Negra）、黑麝香（Moscatel Negro）、玛尔维萨、弗拉斯塔（Forastera）、玛桂萝（Marmajuelo）、克利奥阿比约（Albillo Criollo）、白维哈利埃格（Vijariego Blanco）、瓜尔、白丽诗丹……这就是我在说的多样性。

在达加纳纳的偏东侧，被当地人称为 Amogoje 的地方，土壤看上去白多了。"虽然它们也是火山土壤，就像任何因火山喷发形成的海岛，此处的土壤中还含有许多玄武岩，对于植株的管理也是颇为放任生长的。"这里的葡萄藤生长太过狂野，有时很难分辨哪些是葡萄藤，它可能是高悬在深渊之上的一团荆棘丛。这里也没有梯田，葡萄园其实就是一处处深沟。"随着植物的生长，这里也需要将葡萄藤提起离开地面，再用木叉固定。"确实如此，而且此处的作业难度更高，因为有陡坡和沙质土壤，一不留神脚下一滑，就会跌下去 100 米，当然就活不成了。

"当地政府为此安装了不少绞车，搭配粗重的钢铁绳索，就像送滑雪者上山的缆车。在采摘季节，酒农们就可以用绞车把一篮篮葡萄从深沟里拉上来。"在这些深沟里走动，一不留神就会摔断脖子，这样一想，这些葡萄酒可一点都不贵。

"Margalagua 和 Amogoje 是我们最喜欢的葡萄园，在那里我们看到了最大的品质潜力，并决定做单一园葡萄酒。还有其他的一些区域，如 El Chorro、Chavarria、Campillo、Lomo del Drago、Campanario、Patronato、Cueva de Las Pulgas 和 La Meseta，我们会用来做村庄酒（village）。"虽然不同的葡萄品种混种在葡萄园中，甚至红葡萄和白葡萄都混在一起，但他们会挑出 Margalagua 的红葡萄和 Amogoje 的白葡萄，用来酿造相应颜色的地块级酒款。还有红、白各一款以达加南命名的葡萄酒，罗伯托将其称为村庄酒，也是沿用了勃艮第的分级制度，葡萄来自同一村庄不同的葡萄园。

"生产过程很简单：用原生酵母发酵，极少的干预，不去梗，白葡萄酒直接压榨并在大容量的旧橡木桶中发酵，而红葡萄酒则在开放的容器中进行整串发酵。红葡萄酒的苹果酸乳酸发酵会在橡木桶或小型的 foudres 桶中自发进行，而白葡萄酒不经苹果酸乳酸发酵。随后葡萄酒在小型的 500 升 foudres 桶内陈年 11 个月（译者注：foudres 为体积较大的橡木桶的总称，区别于经典的 225 升制波尔多桶或 228 升制勃艮第桶，但其体积从几百升到几万升不等）。这基本适用于所有葡萄酒，唯一的区别是酿酒葡萄的来源地。"无论如何，当你见过如此的风貌，再去谈论发酵时间、温度或陈酿时间都显得毫无意义。我觉得他们真该在酒瓶背标上贴上葡萄园的照片，然后就

不用再多说什么了。达加南是一个非常年轻的项目，首个采摘年份为 2012 年。

最后，在 Santiago de Teide 有一块完全不同的区域，大约海拔 1 000 米，"它是岛上最高且最干的葡萄园之一"。那儿几乎从不下雨，可偏偏就在我们去的那天暴雨倾盆。我们被困在半路，车胎不断打滑，完全上不了山。这些葡萄园贡献了岛上最新的一个葡萄酒系列——Benje（至少在我落笔时还是最新的）。"Benje 是比耶霍峰（Pico Viejo）或恰奥拉山（Montaña Chahorra）在当地贯切方言（Guanche）里的名字，这座山是特内里费和整个加纳利群岛的第二高山，仅次于泰德山。"

这个系列的酒标几乎都是从他们喜爱的葡萄酒

中获得的灵感，如罗讷河谷科尔纳斯（Cornas）的 Marcel Juge 和葡萄牙克拉雷斯（Colares）的 Viuva Gomes。

从葡萄酒本身而言，这是他们对于普列多丽诗丹（Listán Prieto）品种的第一次尝试，可别和更加普通的品种黑丽诗丹混淆了。普列多丽诗丹是一种原生于卡斯蒂利亚（Castilla）的品种，不过在其原产地几乎已经灭绝了。西班牙人将这种葡萄带去了南美洲，当时那里还没有任何欧亚种（Vitis Vinifera）的葡萄，因为这类酿酒用的葡萄只在欧洲生长。这个葡萄品种是在传教途中栽种的，因而在美国得名"弥生"（Mission），随后这一品种逐渐遍布整个南美洲。在智利，人们称其为派斯（País），在阿根廷则为克里奥亚奇卡（Criolla Chica）。从伊比利亚半岛到南美洲的旅途中，船队在加纳利群岛应该靠岸休整过，一些葡萄藤插枝被留了下来，随后逐渐遍布拉帕尔马岛和特内里费岛。如今，普列多丽诗丹几乎仅存于加纳利群岛，因此我们会认为这个又名弥生、克里奥亚奇卡和派斯的品种是原产自加纳利群岛的葡萄，但其实它的原产地是卡斯蒂利亚。Benje 是较为轻柔的一款酒。

他们所有的酒款都倾向于优雅和细腻，来自加纳利群岛的酒款也不例外，但是会具有很强的矿物质口感，几乎有种咸味，极好的酸度也让其非常易饮，配餐也很完美。我觉得随着它们在瓶中陈年的时间越长，带来的愉悦感会越多，不过它们在年轻时就已经很棒了，简直让人难以抗拒！优质的葡萄酒就该无论年轻时还是陈年后都好喝。

来自 Santiago de Teide 的普列多丽诗丹绝不会是 Envínate 团队海岛探险的终点，因为 2016 年他们又在奥罗塔巴山谷接管了一些地块，想从当年的采摘季开始酿造葡萄酒。

奥罗塔巴山谷"编织法"葡萄藤

特内里费美食

加纳利群岛出产西班牙最优质的香蕉，虽然我也不确定当地人现在是否还经常吃。不过，在加纳利群岛料理中最出名的还要数皱皮小土豆（papas arrugás）搭配特制辣酱（mojo picón），以及各种鱼类料理，如多锯鲷（cherne）或鹦鹉鱼（vieja）。

"土豆和葡萄藤分享土地，这是岛上最重要的两种传统农作物，"罗伯托以真正当地人的口吻娓娓道来，"我们把土豆叫做'papas'，这是它们在原产地南美洲的名字。岛上的土豆品种不胜枚举，一些品种十分古老，但是总体而言，体型都颇为娇小。特内里费岛上的土豆产量最大。"它们大多呈圆球形，长在火山土壤里，土豆从这种特殊的土壤里汲取了特殊的风味。这里种植了大约 120 种不同的土豆品种，一些是从英国或秘鲁进口而来的，一些则是更为古老的品种。古老的品种更受推崇，特别是叫做"漂亮土豆"（papas bonitas）或"蛋黄"（yema de huevo）的品种。过去这两个品种很难吃到，但现在你可以在大城市的一些商店里找到。再不济可以使用小小的圆球形标准土豆，虽然其口感尚有差距。

罗伯托的父亲在特内里费的首府圣克鲁兹（Santa Cruz）市中心经营着一家十分有名的餐厅。四位好友齐聚餐厅厨房，一边为我们烹饪土豆和鱼类料理，一边和我们讲述学生时代做室友时的故事。晚餐的最后我们吃了些其中一位带来的山羊奶酪，这也是加纳利群岛的又一个美食宝藏。就这样，我们享受了一个传统的海岛之夜。

土豆真的很容易烹饪，即使对学生而言。将没有削皮的土豆放入含大量盐分的水中煮沸，不停地晃动锅子，直到水分蒸发殆尽，土豆的皮就会皱起来。然后得用手抓着吃，把土豆一掰为二，蘸不同的酱料（Mojo）吃。

"Mojo"这个词在西班牙其他地区并不使用，可以说是另一个从葡萄牙漂洋过海而来的文化遗产，这个词来源于葡萄牙语的"molho"，即酱料。在加纳利群岛，"mojo"就是酱料的意思。这里主要有两种酱料：绿酱，用香菜、橄榄油、大蒜头、盐和一点点醋做成；红酱，也被称为"picón"，意为辣味。当然，两种基础款酱料可以做出更多花样。红酱的颜色来自辣椒粉，是其最为重要的原料。

埃莲娜（Elena）女士的辣酱食谱绝对值得一试，她是我好朋友安赫尔（Ángel）的外祖母，她会很乐意我们分享并传播这个食谱。除了能搭配土豆做蘸酱，它和其他菜肴也很配，比如用来腌制鸡肉。辣酱放置一段时间后味道更佳，在冰箱里冷藏可以保存几周之久。按照以下食谱可以做出大份的辣酱，差不多能有 0.75 升（就是一瓶葡萄酒的量），正好适合装成几罐和朋友们分享。

....

埃莲娜女士的特制辣酱

原料：

300 毫升特级初榨橄榄油

300 毫升水

150 毫升白葡萄酒醋

6 瓣大蒜

3 汤匙甜辣椒粉

3 汤匙辣椒粉

6 汤匙整粒孜然或 4 汤匙孜然粉

2~3 支卡宴辣椒或加纳利胡椒

面包

盐

这些原料可以用研钵和杵棒手工碾碎，也可以使用食物粉碎机碾碎。做酱之前可以先把面包和卡宴辣椒在水里泡一会儿，再加入其余原料，除了橄榄油，你要在最后慢慢注入，使之成为乳状，这样就做好啦！

这些用量是埃莲娜女士的建议用量，可能你会觉得有些原料口味过重了，比如孜然，因此还是自己

尝试一下为好。面包会给予酱料更厚的质地,可完
全根据个人喜好添加,对于醋的选择也是因人而异,
比如可以用雪利醋,不过味道更中性一些的醋也许

更合适。优质的辣椒粉至关重要,我们推荐 Ruiseñor
牌的辣椒粉,这是来自穆尔西亚的阳光下风干的辣
椒粉,品质超级棒。

第二章
格雷多斯

★

Comando G

★

从左到右：费尔南多·加尔西亚和丹尼尔·戈梅斯·希梅内斯－兰迪

Comando G 缘起

Comando G（"G 指挥部"，又译"科学小飞侠"）不仅仅是 20 世纪 80 年代的动漫片，还是"歌海娜（Garnacha）指挥部"的意思：两个好朋友坚持认为，在格雷多斯山区（La Sierra de Gredos）可以酿造出世界上最好的歌海娜葡萄酒。几乎像游戏一样诞生的项目，很快就成了该地区的标杆，是歌海娜复兴的主要代表之一，也是过去十年中西班牙葡萄酒最令人兴奋的成就之一。Comando G 属于丹尼尔·戈梅斯·希梅内斯－兰迪（Dainel Gómez Jiménez-Landi）和费尔南多·加尔西亚（Fernando García）。

在 2008 年创业之初，还有第三个成员——马尔克·伊萨尔特（Marc Isart）。丹尼尔、费尔南多和马尔克成长于 20 世纪 70—80 年代，一个动漫片的辉煌年代，当时涌现了魔神 Z（Mazinge Z）、海蒂（Heidi）、马洛克（Marco）和科学小飞侠（Comando G）等传奇系列。因此，当需要给自己的项目取名的时候，他们创造了自己的传奇：Comando G 将肩负酿造世界上最好的歌海娜葡萄酒的责任。毕竟单一歌海娜品种酿造的世界顶级葡萄酒本就不多，最有名的是位于法国南部罗讷河谷教皇新堡的 Chateau Rayas，也是他们追随的榜样。不过，格雷多斯山区是大陆性气候，土壤和海拔与法国南部并不相同。

费尔南多大学修的专业是农业工程，而丹尼尔学的是哲学。他们和马尔克是在马德里攻读葡萄种植和酿酒学硕士课程时相遇的。他们的想法和品味非常契合，便决定在各自从事的工作之外一起做些什么。读硕士的时候，费尔南多在马德里最好的葡萄酒商店之一的 Lavinia 工作，之后为特尔莫·罗德里格斯（Telmo Rodríguez）（译者注：西班牙著名的先锋派酿酒师）工作了两年。2008 年，他开始在 Marañones 酒庄工作，酒庄位于圣马丁·德·瓦尔德伊格莱西亚斯镇（San Martín de Valdeiglesias），这是格雷多斯山区为数不多的属于马德里省的村镇之一。

马尔克小时候就和父母一起从加泰罗尼亚来到马德里，住在 Arganda del Rey 地区。完成学业之后，他在同样位于格雷多斯山区圣马丁·德·瓦尔德伊格莱西亚斯镇的 Bernabeleva 酒庄酿酒。丹尼尔从 2004 年开始在门特里达镇（Méntrida）古老的家族酒庄 Jiménez-Landi 工作，然后逐渐从山谷里的丹魄（Tempranillo）、西拉（Syrah）和美乐（Merlot），转向种植于格雷多斯山区卓越的高海拔歌海娜，如名为 Ataulfos 的酒款。

正如马尔克所说，他离开这个项目仅仅是"因为我无法跟上他们的节奏。我要年长十来岁，生活有另一种节奏。我当时已经有了家庭、孩子、工作和我自己的菜园子……我想有时间来安静地享受这些事物。我不想整天出差、品鉴，不停地奔波。因此有一天，我向他们吐露了心声，然后我们开始结算，我把我的股份卖给了他们。我们到现在还是很好的朋友"。现在这个项目非常稳定，可当马尔克离开的时候，它还只是一个 5 000 瓶产量的"业余消遣"，虽然他其实已经预见到这一切。从一个初露成功端倪并有着巨大潜力的项目中退出，这并不寻常。很多人会想方设法地加入这样的项目，因为它可以使你功成名就。但是，对马尔克而言，他的时间、家庭和菜园更加重要。

而费尔南多和丹尼尔，如马尔克所说的，"像发动机一样继续前行"。他们俩好似"彼得·潘"（从他们第一批酒标的设计美学也可以看出），所有人都称他们为"费尔·丹尼（Fer y Dani）"。从现在开始，就是"丹尼·费尔（Dani y Fer）"的组合了！他们一起参加聚会，玩起了摇滚，但千万别认为他们是沉湎于玩乐，只会酿造带有哗众取宠酒标的葡萄酒。对待葡萄酒，他们是我认识的最严肃认真的人。他们通过生物动力法来探寻矿物感、新鲜度和优雅的风格，而这种栽培技术不仅通过不使用任何化学品来恢复土壤的生命力，还回到了过去传统的种植方式，并坚持这样一个信念——"伟大的葡萄酒不是酿造出来而是栽种出来的"。他们是与所处地区紧密相连的葡萄农，只用葡萄梗和葡萄汁来演绎歌海娜。

格雷多斯（Gredos）的歌海娜（Garnacha）

我们一直在谈论"格雷多斯山区"，但是并不存在这样一个原产地名称保护产区（译者注：DO-Denominación de Origen，西班牙最高级别的产区分级）。不需要去费心在书本里寻找，因为无处可寻。

西班牙原产地名称保护体系创立的年代，其社会经济状况和如今大不相同，对葡萄酒来源的理解也并不存在。在很多情况下，产区是按照政治界限，即各省的边界来划分的，尤其是那些没有优质葡萄酒传统的地方；而事实上很少有地区有这样的传统。在西班牙原产地名称保护的产区地图上可以看到，很少有产区会横跨不同的省份，甚至有一些产区简单地用所处省份的名字来命名，如阿利坎特（Alicante）、马德里（Madrid）、马拉加（Málaga）和巴伦西亚（Valencia）。

在当时及之后的很长一段时间里，歌海娜的名声不佳。在圣马丁·德·瓦尔德伊格莱西亚斯、塞夫雷罗斯（Cebreros）和门特里达这些格雷多斯的村镇里，酿造的都是一些平平无奇的葡萄酒或散装酒，高品质葡萄酒世界的人们对这些地区毫不关心。但恰恰是在这里，歌海娜开始腾飞，花岗岩土壤和高海拔的葡萄园开始为人所知。我们发现在格雷多斯山区开始出现一些高品质葡萄酒的项目，拥有巨大的潜力。它们分散在3个自治区——卡斯蒂利亚–莱昂、马德里和卡斯蒂利亚–拉曼恰的3个省份——阿维拉（Ávila）、马德里和托莱多（Toledo）内，该区域被划分为3个原产地名称保护产区，实际上是2个，即马德里产区（DO Vinos de Madrid）和位于托莱多的门特里达产区（DO Méntrida），而阿维拉则属于卡斯蒂利亚–莱昂地区餐酒级别（VdlT Castilla y León）。

为了修正这一历史错误，Comando G 和该地区大部分的生产者联合起来成立了一个名为"格雷多斯歌海娜"的协会，他们相信"团结就是力量"。但当协会真正开始申请"格雷多斯山区"这一原产地名称保护的时候，Comando G 却成了孤家寡人：大部分位于阿维拉省内的酒庄仅选择申请成立一个位于该省内的塞夫雷罗斯产区（DO Cebreros），这是当地葡萄园最多的一个村庄；其余的人要不就反对统一的"格雷多斯山区"这一原产地名称保护，要不就弃权了。

问题是马德里原产地名称保护产区包含了在气候、土壤和其他所有方面都完全不同，并且根本毫无类似之处的区域；而在门特里达，地势较低的区域和格雷多斯山区几乎完全不同；更不用说卡斯蒂利亚 – 莱昂这个占据了约 20% 国土面积的西班牙最大的自治区了。

现在这种情况很难被改变了，特别是当大家都没有意愿的时候，当然，无论酒标上贴的是什么，最重要的还是瓶中之物。尽管如此，对于 Comando G 这样极为重视风土的酒庄来说，他们希望能为自己的酒贴上真正代表和解释其特征的标签，用地理而非政治名称来标识。总之，格雷多斯山区"原本可以成为原产地名称保护产区"。

Rumbo al Norte 再葡屋

那些人，那些项目

了解一个地方的葡萄园、风景、植被、土壤质地和人，对理解当地葡萄酒大有帮助。费尔具有讽刺意味：他经常一脸严肃地跟你说话，仿佛这辈子都没有做过错事，到最后你都不知道他说的是真的还是在开玩笑，他一定能成为一个很好的扑克玩家。丹尼则更加直白。在我看来这两个人完美互补：费尔好比是大脑，而丹尼则更像心脏。他们无比契合，一起思考，一起喝酒；经常一个人起头开了个玩笑或讲了个故事，另一个人就可以接下去说完，好像双胞胎一样。可以看得出，他们对所做的事情很享受，与他们相处也令人开心。

20 世纪 80 年代"马德里运动"（译者注：特指20 世纪 80 年代西班牙的反主流文化运动）的影响在他们葡萄酒的标签和名字上清晰可见。他们生产的第一款葡萄酒名为"La Bruja Avería"，这是当时一个每周六上午播出的儿童节目（也不尽然）的名字，也代表了那个年代的流行缪斯——Alaska（译者注：出生于 20 世纪 60 年代的西班牙 – 墨西哥歌手、DJ 和电视人物，她是"马德里运动"的奠基人之一，曾经有一首歌名为"La Bruja Avería"）。第一个年份的酒在几周之内就售罄了。突然之间，他们成了 21 世纪头十年西班牙葡萄酒复兴中最常被提到和追捧的名字。起初这款酒的葡萄来自不同的葡萄园，等到后来所有的葡萄都来自 Las Rozas del Puerto Real 村的时候，葡萄酒的名字就变成了"La Bruja de Rozas"。

对派对和音乐的热情，将费尔和丹尼与同时代的消费者联系在一起，他们开始组织一场将葡萄酒和音乐融为一体的"花会"，在隔年的春天，与客户、进口商和朋友们分享一整天的户外活动。在那一天的现场，陈列着他们自己的和其他受邀前来的生产商的葡萄酒，美酒、音乐和享乐是唯一的主题。仅举办两次之后，该活动就成为经典。

文章开头提到的 Marañones 项目激动人心：一个从莱昂来的律师爱上了这片土地，仅仅因为喜欢在其中漫步，就开始在山区购买葡萄园。2008 年，他想建造一个小酒庄，费尔适时出现了。

在格雷多斯，除了歌海娜，还有一种阿比约（Albillo）白葡萄，但让所有人都迷惑的是，这个品种并不是在杜埃罗河岸、曼确拉或特内里费的阿比约，这个品种的全名是阿比约雷阿尔（Albillo Real）。此外，还有一些丁托菲诺（Tinto Fino）（译者注：丹魄在当地的别称）、一种不为人知的经常会和莫雷尼约（Morenillo）混淆的葡萄品种莫拉特（Morate）、麝香及其他葡萄品种。这些原料足够用来酿造不同的葡萄酒了。由于葡萄园平均海拔高度从 600 米到1 200 米不等，带来了气候上的差异，加上一些山谷（如 Tietar 和 Alberche）的存在，葡萄园所处的位置和朝向也不同。当然，土壤也有差异，虽然主要都是来自山区的花岗岩，但有些地区有更多黏土，另一些地区则更多是沙质土壤，还有一些地区（主要在塞夫雷罗斯和 El Tiemblo）是呈板岩状的分层质地。

酒庄 20 公顷的葡萄园全部位于圣马丁·德·瓦尔德伊格莱西亚斯镇的 Marañones，他们参照法国勃艮第的分级制度，将葡萄酒分为混合不同地块的村级葡萄酒和单一园或单一地块葡萄酒。他们酿造了两款白葡萄酒——Picarana 和令人惊讶的 Pies Descalzos（译者注："赤脚"的意思）；酿造 Pies Descalzos 的葡萄来自一个古老的沙质土壤葡萄园，它从前的主人出于尊重，总是脱鞋赤脚走入葡萄园。两款酒都是用阿比约葡萄酿造的。红葡萄酒系列的入门款是30 000 瓶产量的 Maravedíes，由来自 6 个地块的葡萄酿造，通常会有一些西拉，并逐渐被莫拉特替代；然后是 Marañones，由来自 3 个地块的歌海娜酿造；最新的酒款 Darío，由来自单一葡萄园 100% 的莫拉特酿造；最后是 Labros 和 Peña Caballera 特级园酒，两款都是由来自单一地块的歌海娜酿造的。费尔主要的工作在于定义那些不同级别的葡萄酒：每一款酒的葡萄来自哪个地块和怎么酿造。当这些工作完成之

La Tumba del Rey Moro 葡萄园

后，他就可以更加专注于 Comando G 的工作，因为 Marañones 酒庄在他培训出来的酿酒师 Alvar de Dios 的打理下运作良好。

由于经营上的分歧，丹尼从 2012 年起就离开了家族酒庄，这意味着他放弃了大量之前的成果，失去了大部分工作过的葡萄园的使用权，只保留了一个小型的个人项目——Dani Landi 酒庄。整个项目年产量约 15 000 瓶，用来自不同村镇的 7 公顷葡萄园的葡萄酿造了 4 款酒。所有的原料都是歌海娜：Ira 的葡萄来自 El Real de San Vicente 不同地块的葡萄

而芬芳的葡萄酒，融合了野性和精致，没有人会对它无动于衷。

丹尼和费尔参与的项目还有两个：从 2014 年开始，他们负责管理河岸地区（Ribeiro）的 Viña Mein 酒庄，同时也受托为 Vila Viniteca 的 "Uvas Felices（幸福的葡萄）" 项目酿造一系列格雷多斯的葡萄酒。Vila Viniteca 是西班牙最有实力的葡萄酒经销商之一，也是他们在西班牙的全国代理。这个项目默许他们不用循规蹈矩，能以一种反叛而有趣的方式来表现他们的特点，可以使用 El Hombre Bala（子弹男侠）、La Mujer Cañón（飞弹女侠）、La Reina de los Deseos（欲望女王）这样吸引眼球的名字来命名红葡萄酒。

还有一些项目刚起步，"我们正在帮助濒临解体的卡达尔索玻璃合作社（Cooperativa de Cadalso de los Vidrios）摆脱困境。我们想要帮助他们酿造一款可以装瓶销售的年轻葡萄酒。我们将会给他们提供建议，帮助他们正确地采摘、更加谨慎地酿造，并为他们带来客户，让项目得以启动。我们想要直接帮助他们，不让他们失去位于 Cadalso 和 Rozas 的葡萄园，同时也让市场上能有更多来自格雷多斯的葡萄酒。这样一来，我们能帮助推广整个地区，促进当地社会经济的复兴，防止我们的传统、葡萄园、自然风光和文化流失。我们正在这样努力着。和别人想的不同，我们将不收取任何费用。" 对他们来说，帮助其他项目可以使格雷多斯共同前进，这是非常重要的。

他们的热情和旺盛的精力富有感染力，他们的幽默、自然的天性和随和使其大受欢迎，不过也会有人对他们的成就心生嫉妒。一切都来源于他们酿造的葡萄酒显而易见的高品质。在随意的形象背后，是严肃、认真的工作态度，是对风土的理解和思考，是以质量为最终目标。他们的成果不仅为自己带来了成功，还启发了不少年轻人跟随他们的脚步。他们的合作伙伴和朋友中出现了这些名字：托罗（Toro）的 Alvar de Dios、萨克拉河岸的 Fedellos do Couto、卢埃达（Rueda）的 El Barco del Corneta，以及同在格雷多斯的 4 Monos，他们在各自的地区都是最具有突破性的名字。

园；其他 3 款是来自不同地区、土壤和条件的单一地块葡萄酒：Canto del Diablo 的葡萄也来自 El Real de San Vicente；El Reventón 的葡萄来自板岩质地土壤的塞夫雷罗斯；而最新的 Las Iruelas 的葡萄来自同为板岩土壤的位于阿维拉省的 El Tiemblo，这是一款诱人

旅行，消费，喝酒

如果旅行、买酒和遍尝伟大的酒是最终能够酿出最好的酒的永恒秘籍（他们有一个可以追随的方程式），对 Comando G 来说也是显而易见的。费尔南多在马德里的 Lavinia 商店工作过，这是马德里2000 年之后第一家售卖来自世界各地不同葡萄酒的零售商店，其中包括精挑细选的一系列法国小酒庄的酒，这些酒在全世界的葡萄酒商店都很难同时出现。这是一个奢侈的学习机会，在最初的几年里，那里培训出了一批时下最优异的专业人才。

他们定期参加一些最具盛名的展会，如卢瓦尔河谷的 La Dive Bouteille（译者注：最大的自然酒展会）和伦敦的 The Real Wine Fair（译者注：有机、生物动力和自然酒的盛会）。在那里，他们不仅展示自己的酒款，还可以和来自世界各地的生产商建立关系，并经常交换葡萄酒。每年过了采摘季，他们就跳上面

包车，带着自己的团队，有时甚至是别的酒庄的人，一起拜访欧洲的酒庄和葡萄园，去了解不同的地区和葡萄农。就像 Dire Straits（译者注：著名的英国摇滚乐队）同时受到摇滚乐迷和流行乐迷的喜爱，"丹尼·费尔"的葡萄酒也同时引起了"自然酒"爱好者和普通葡萄酒爱好者的狂热追捧。

当谈到新的计划时，他们解释道："我们没有酿造新酒款的想法。现在的工作重点是更好地诠释每一个年份和更深刻地了解每一块葡萄园。葡萄园里的工作才是关键。" Comando G 的年产量为 65 000 瓶，全部预售一空，但他们决定不再增加产量。

2016 年，他们在智利专家佩德罗·帕拉（Pedro Parra）的帮助下，对葡萄园的土壤进行了地质研究。2015 年 6 月的一个早上，当双方第一次见面的时候，他们准备了 5～6 个 1.5 米深的土坑，让佩德罗可以

看到不同区域、不同葡萄园的土壤。很可惜，我没能到场，那天晚上丹尼给我打电话，他惊叹道："佩德罗通过查看每个坑里的土壤就可以精确地描述出每一片葡萄园酿造出的葡萄酒是什么样的，而且都说对了！简直太厉害了！"这真是值得思考：佩德罗·帕拉之前对这些葡萄酒和葡萄园一无所知，仅凭借他的知识就可以描述出其产出的酒的特点，如同费尔和丹尼凭借酿酒的专业知识就能将每一片葡萄园的特点带入瓶中。

Comando G 在很短的时间里就从丹尼和费尔的"兴趣爱好"变成了他们的主要项目。实际上，2008年项目之初，Comando G 无非是一个游戏，但从2012 年他们在 Cadalso de los Vidrios 建立了一个简单的小酒庄开始，一切变得重要起来。我称之为"给土豆饼翻个面"，然后再进一步……

总而言之，Comando G、Dani Landi 和 Marañones 三家酒庄的葡萄酒都遵循着相同的理念和原则：有机农业、自然简单的酿造和陈年、不进行任何多余的干预、以获得能清晰显示其来源地特性的葡萄酒为目标。他们自己是这么说的："我们酿造体现葡萄园风景的葡萄酒，不经任何修饰。我们的工作受 3 个概念或想法指引——矿物感、新鲜度和优雅的风格。"

和佩德罗·帕拉一起工作

别忘记，还有 Rumbo al Norte 葡萄园

Comando G 酒庄已拥有 15 公顷 40 ~ 80 年藤龄的葡萄园，大部分位于 Rozas de Puerto Real 村，也有一部分位于阿维拉省的 Navatalgordo 村、Navarrevisca 村和 Villanueva de Ávila 村。"一开始非常困难，很多葡萄园的主人都上了年纪，一辈子在这里劳作；这些葡萄园通常是历史悠久的家族产业，即使他们已经无法工作，也不愿意离开这些葡萄园。随着他们逐渐了解我们，看到我们如何在田间劳作，就慢慢敞开心扉了。"现在酒庄每个采摘季平均生产 65 000 瓶葡萄酒。

除了村级酒 La Bruja de Rozas，还有一款地块级的葡萄酒 Rozas 1er Cru，无需解释，这是一款遵循勃艮第分级制度的"一级园"葡萄酒；其余的是单一园葡萄酒。有一款数量极少而令人惊讶的白葡萄酒 El Tamboril，来自 Navatalgordo 村平均海拔 1 230 米的白歌海娜葡萄园，它的质地更接近德国的雷司令（译者注：德国用雷司令酿造的葡萄酒），而非勃艮第的普里尼（译者注：一般指勃艮第 Puligny-Montrachet 村用霞多丽酿造的葡萄酒）。Las Umbrías（译者注：字面意思是"背阴处"）的名字不言而喻，这始终是一款最微妙而难以捉摸的葡萄酒，颜色非常淡，葡萄来自一个几乎没有光照且长满栗树和蕨类植物的葡萄园。La Tumba del Rey Moro 是最新的酒款之一，葡萄园位于 Villanueva de Ávila 村，0.5 公顷无嫁接歌海娜，纯花岗岩土壤。在有些年份，它的表现力接近甚至超过 Rumbo al Norte。

Rumbo al Norte（译者注：字面意思是"方向朝北"）的命名源于其面北的朝向，地块位于阿维拉省的 Navarrevisca 小镇，平均海拔高度 1 200 米，是我见过的最独特的葡萄园。格雷多斯山区和阿维拉省一些地方的风景会让我觉得是否曾经有一群巨人在这里用粗糙的花岗岩球玩打弹子，他们突然中止比赛，没有时间收拾就匆匆离去，而弹子随意地散落一地。我相信，Rumbo al Norte 就曾经是巨人们游戏的场所。

"虽然听起来不可思议，我们还是可以利用一些空间重新种植部分葡萄藤，因为在这么古老的葡萄园里，总有一些植株会随着时间的流逝而死亡。"在巨大的石块之间，那些仿佛是不可能的地方散落着葡萄藤。在这独一无二名为 La Breña 的 0.3 公顷地块上，覆盖着浅浅的花岗岩和沙质土壤，并在 70 年前种植了歌海娜。"那个时候没有克隆筛选或任何类似的技术，可以看到葡萄藤彼此之间是不尽相同的，而且新老混杂，因为随着时间的推移，我们会补种新藤。"

不幸的是，因为地块非常小，而且位于葡萄种植极限条件的高海拔和冷凉地区，整个地块每次采收的产量不过 1 000 瓶。在那个地区，8 月底天气已经转凉，由于朝北，葡萄是否能够成熟成为挑战，这意味着一个充满担忧的漫长周期。费尔南多说："有一年我们是 11 月份才开始采摘的，几乎下雪了。"这为他们提供了酸度极高的葡萄和清爽的葡萄酒，这些葡萄酒会带来一种通电的感觉，加上来自花岗岩的冷凉矿物感，可以充分补偿其所能获得的酒精度。

我知道这个葡萄园里有些葡萄藤偷偷地来到了南美，得以在门多萨（Mendoza）的某处传播这些非同寻常的品系的基因。

格雷多斯的歌海娜在蔓延……

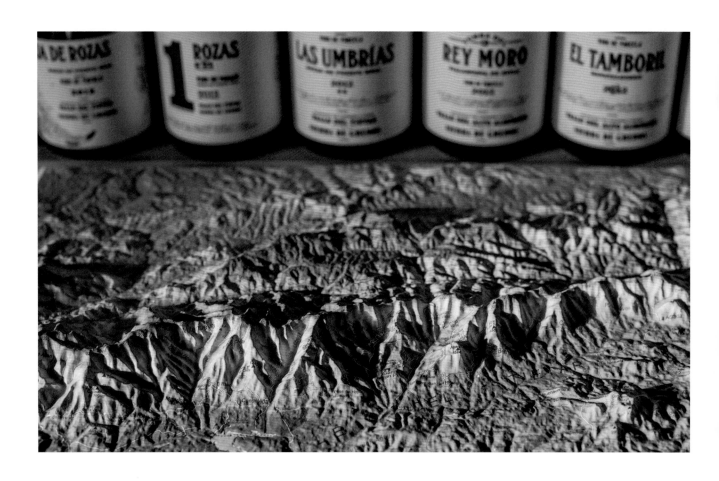

马德里美食

在马德里可以尝到一切美食，因为这里有各种烹饪风格的餐厅和售卖全世界各地产品的商店。不过，作为西班牙首都，马德里还是有一些象征性的菜肴和甜品，如马德里炖菜、大蒜汤、炸鳕鱼条、马德里烩牛肚、炸羊肠、炸牛奶、甜甜圈等。但是，因为这不是一本写地区食谱的书，所以我们得找一些符合 Comando G 特征的菜肴。

土豆饼是西班牙的传统美食，马德里的土豆饼也是相当好吃。西班牙的饼和墨西哥的完全不同。我们称为"土豆饼"的菜，在其他地方可能会被称为"煎蛋饼"，其实"西班牙饼"或"土豆饼"就是一个土豆煎蛋饼。

因为 Comando G 的两位合伙人在经典中带有一点顽皮和随性，所以我们决定使用一个替代食谱来制作土豆饼。效仿费兰·阿德里亚（Ferran Adrià）（译者注：西班牙享誉全球的著名分子料理大师）的"袋装香煎土豆饼"，省去最烦琐的步骤：削皮、切块并油炸土豆。食谱采用袋装的油炸土豆，最好挑选来自马铃薯铺子（虽然很少，但还是能找到几家）质量上乘的产品，而非工业化生产的。将土豆浸泡在打匀的蛋液中，使其重新吸收水分直到变软。接下来就是土豆饼的常规做法了，放不放洋葱、最后的凝结程度和烘烤程度等，这些都取决于个人喜好……

这样做出来的土豆饼特别美味，也许是因为酒庄附近有一家非常好的马铃薯铺子，原材料的质量总是最根本的。

Comando G 葡萄酒的酸度和马德里烩牛肚相得益彰。总的来说，浓郁、明胶质地和油脂丰富的杂烩菜需要搭配高酸度且不乏力道的葡萄酒来互补和洁净口腔，而且必须是细腻而不过于厚重的葡萄酒。在我看来，Comando G 酿造的歌海娜与马德里烩牛肚是绝配：这是一种用牛肚加上一点儿牛蹄或牛脸肉

烩制，最后加入熏肠和猪血肠的菜肴，一枚胶质和胆固醇的"炸弹"。

马德里烩牛肚确实放一段时间会更加美味，当天做好后留到第二天再吃。最好是去酒吧或餐厅享用，因为现在这道菜也被提升为高级美食，如托莱多省Illescas 的 El Bohío 餐厅的出品就相当美味。有些地方会等这道菜冷却之后，分成小份做成真空包装；甚至有人会将它冷冻，当然这样做是为了可以打包带回家。到家以后，可以加入调味品和一流的熏肠，如果喜欢吃辣，还可以加点儿 Sriracha 辣椒酱，在锅中加热即可。有了这些小窍门，你就能马上享用一顿最有当地特色的佳肴了。

第三章
赫雷斯

Equipo Navazos

爱德华多·奥赫达
(Eduardo Ojeda)

爱德华多·奥赫达的一生，原本可以和赫雷斯（Jerez）众多勤勤恳恳工作的酿酒师一样，在悄无声息中度过。然而，他遇到了一些对雪利酒特别感兴趣的葡萄酒爱好者，尤其是赫苏斯·巴尔金（Jesús Barquín）和阿尔瓦罗·希隆（Álvaro Girón）这两个人。那是在 2004 年，爱德华多的内心深处和他们一样充满激情和疯狂，就像是野火燎原。这次相遇将永远改变他的生活方向，虽然当时他并不知晓……

爱德华多 1954 年出生于赫雷斯，在当地的葡萄栽培与葡萄酒酿造研究所工作了几年之后，于 1983 年加入 Croft 酒庄。"我在 Croft 酒庄度过了美好的时光，学到很多东西，认识了很多葡萄牙人，他们在酿造波特酒方面很有实力。我记得和尼古拉斯·德拉福斯（Nicholas Delaforce）交换过葡萄酒，我给他雪利酒，他给我波特酒。"这表明很多事情是命中注定的……

葡萄酒爱好者之间交换葡萄酒是很普遍的事情。我记得很久以前，我和爱德华多做过一个雪利酒和勃艮第酒的交换。他说："我喜欢的是 Roumier（译者注：位于勃艮第的一家酒庄）的酒。"这也是我喜欢的酒庄，因此我给了他几瓶 Roumier 的酒。这是一家小型的膜拜酒生产商，从那时起就已经是传奇人物，很难买到他的酒。赫雷斯的酿酒师并不常谈起他，但我毫不惊讶爱德华多会喜欢。

Croft 酒庄从前属于一个非常重要的集团公司——国际酿酒集团（IDV-International Distillers & Vintners），爱德华多也曾经为该集团工作过。2001 年，González Byass 买下了 Croft 酒庄，那时爱德华多已经离开，因为他在 2000 年开始为一个谷物商人何塞·艾斯特维斯（José Estévez）工作。这个商人爱上了安达卢西亚的公牛和马，当然还有葡萄酒。他的酒庄叫做 Real Tesoro，并且刚买下 Valdespino 酒庄。爱德华多当时负责将 Valdespino 酒庄这个雪利三角

Macharnudo Alto 葡萄园

区［译者注：特指雪利产区所处的位置，包括赫雷斯德拉弗龙特拉（Jerez de la Frontera）、圣玛丽亚港（El Puerto Santa María）和圣卢卡尔德巴拉梅达（Sanlúcar de Barrameda）这三座城市组成的三角形区域之内和临近的城镇］真正的宝藏迁移到位于环城公路上的新酒窖内（因为没有买下不动产，所以必须进行这次迁移）。

"那是一次不可思议的行动，"爱德华多说，"尤其是将 15 000 只雪利桶从雪利中心老城区的酒窖里

迁移到郊区的新酒窖，而这些桶有很多已经很旧、很脆弱了。迁移进行得很慢，因为我们必须保护这些宝藏；我们还成立了一个制桶厂，手工修复那些损坏的桶。真是太疯狂了，因为当我们在迁移那些桶的时候，新的厂房还在建造中。酒庄是在 1999 年底被收购的，我在 2000 年 7 月初的时候入职，8 月才开始建造新的酒窖。第一个桶在 2001 年 10 月 31 日移入新的酒窖，2004 年 7 月移入最后一个桶。"

"我们需要佩戴头盔进入 Valdespino 酒庄的老酒窖，因为天花板已经严重损坏，会有砖块掉下来。"那次收购获得的不仅是赫雷斯古老、传统、受人尊重的酒庄品牌和索雷拉系统（Solera，雪利酒特有的熟化系统），还有大片大片的葡萄园，特别是 Macharnudo Alto 葡萄园，其最具盛名的菲诺（译者注：fino，只经过生物陈年的浅色干型雪利酒）品牌 Inocente 的酿酒葡萄就来源于此。

爱德华多·奥赫达和赫苏斯·巴尔金

一个明星的诞生——Equipo Navazos

2003 年，通过《世界报》的葡萄酒网页，爱德华多和巴尔金建立了联系。当时网站上有一个非常活跃的论坛，巴尔金早就在互联网推动雪利酒了，是他把大家都拉了进来，虽然一开始我们并不愿意。我们组织晚餐，他带来雪利酒，而我们则带了勃艮第酒。他开始为网站撰写文章，还常常与希隆（Girón）合作。正是在他俩准备一篇开创性的文章《如刀般的阿蒙蒂亚多》的时候（译者注：amontillado，雪利酒的一种类型），联系上了爱德华多·奥赫达。

我记得我们一开始将巴尔金称为"穿靴子的家伙（el tío de la bota）"，这是当时一种纸盒包装的普通葡萄酒的名字，但 bota 也是用来陈年雪利酒的 500 ~ 600 升美国橡木桶的名字（译者注：西班牙语中 bota 一词既指靴子，也特指雪利桶）。因为这家伙整天都在讲雪利桶！他不太喜欢这个绰号，希望书中提及这事别惹恼了他。

当时我们所有的人都有其他职业，但我们整天追寻伟大的葡萄酒，大家一起购买这些酒，互相交换，组织线下的晚餐（对于我们线上的讨论而言）。真不知道太太们是如何容忍我们的！然后有一天，巴尔金让我搞一场他称之为"Valdespino 盛会"的活动，为了欢迎一个我们共同的朋友来马德里而做的晚餐（也可能是一个借口），Valdespino 的技术总监爱德华多带来了前一天刚从雪利桶中取出的酒。6 月，我们已经在格拉纳达做了类似的晚餐，大获成功。我们约在 2005 年 10 月 25 日，地点是马德里的 De Vinis 餐厅，这家令人怀念的餐厅已经不复存在。大家都很重视这次晚餐，最后有 15 ~ 20 位朋友从四面八方赶来，包括从赫雷斯来的爱德华多·奥赫达和从格拉纳达来的赫苏斯·巴尔金，虽然最后阿尔瓦罗·希隆没能从巴塞罗那赶过来。

爱德华多带了大约 15 款 Valdespino 的酒出现了：葡萄汁（基酒）、观察期的酒（译者注：雪利酒桶陈前，基酒会被观察一段时间，以判断应该做成哪种类型的雪利酒）、培养层中层桶里取出的酒、索雷拉层的酒（译者注：雪利酒桶陈阶段使用索雷拉系统，其中最底层年份最老的被称为索雷拉层，其余依次是第一、第二……培养层）、菲诺、阿蒙蒂亚多、帕罗科尔塔多（Palo Cortado）、奥罗洛索（Oloroso）、佩德罗 - 希梅内斯（Pedro Ximénez）等（译者注：这些都是雪利酒的不同类型）。几乎所有的酒都是直接从雪利桶中取出的，"新鲜的（En Rama）"这个词汇的基本意义是"未经过滤的"，保留了雪利桶中的原汁原味和所有的风味特质。几乎所有的酒款都是"新鲜的"，除了一瓶菲诺，已经装瓶一年半，真令人惊叹，因为当时没人敢说"菲诺和曼萨尼亚（译者注：manzanilla，出产于圣卢卡尔德巴拉梅达产区的淡色雪利酒）在瓶中不会再发展"这种论断是错误的，难道菲诺和曼萨尼亚并不需要在装瓶后第一时间饮用吗？还有来自单一园的雪利酒！真是一次头脑风暴。另外，还有一些 VORS 级别的酒，该级别官方的要求是平均陈年时间超过 30 年，而有一些可以超过 80 年。我还记得平生第一次喝到一款刚从桶中取出名为"Moscatel Viejísimo Toneles（非常古老的麝香桶）"的酒。

那些葡萄酒代表了雪利酒巨大的丰富性——多样、复杂、卓越。那一天在我们一些人的记忆中留下了深深的烙印，让我们深受启发。那些葡萄酒改变了我们对雪利酒的看法：它们与野蛮过滤后装瓶的失去精华的菲诺毫无关系。那些葡萄酒呈金黄色，深邃、复杂、强劲，带有催眠性。最后，我们终于理解了巴尔金的坚持。我们的摄影师埃斯坦尼斯·努涅兹那天晚上也在，他一边挑选照片一边对我说："我记得一清二楚，我就坐在爱德华多旁边，我记得那天晚餐结束的时候，你问他俩何不为大家装瓶些这样的酒，当时他们眨眨眼睛回答会做点儿什么的。"

12月初，作为圣卢卡尔德巴拉梅达地区阿蒙蒂亚多雪利酒典型性调查的一部分，爱德华多带着巴尔金和希隆去拜访 Sánchez Ayala 酒庄。这个酒庄是 Estévez 集团众多供应商之一，在那里他们发现了杰出的阿蒙蒂亚多，这些酒几十年来从未被移动过，呈现出独特的个性。年底的时候，爱德华多和巴尔金再一次拜访酒庄，想从65桶里挑选一桶，尽管最后装瓶的500升是其中两桶的混合。

2006年1月8日，参加了"Valdespino 盛会"的人收到了赫苏斯·巴尔金的一封电子邮件："亲爱的朋友们，谨以此邮件告知各位我们已经推进的一项非商业行动：我们寻找到高品质的阿蒙蒂亚多雪利酒，并由一群朋友共同出资向酒庄（这次是 Sánchez Ayala 酒庄）购买了这桶酒，全部用来装瓶并贴上独家标签，仅供私人使用。是的，这些酒并不打算拿来出售或进行任何交易；可尽管如此，我想其中一些被放到货架上的风险总会存在，因此我们非常小心，完全遵守关于装瓶和酒标等的现行法规。"他给我们发来了一个酒标，上面写着"Navazos 1号，阿蒙蒂亚多酒桶，圣卢卡尔德巴拉梅达产区"。

我们开始寻找酒标暗指和致敬的对象——爱伦·坡的作品《阿蒙蒂亚多酒桶》，以及"navazos"的含义。"navazo"是指几乎从海里获得的土地上的菜园子，离海滩很近（译者注：navazo 是滨海菜园的意思，而 navazos 是其复数），这种情况曾经在圣卢卡尔德巴拉梅达很常见，不过已所剩无几。那600瓶

酒被分给了大约30个人，其中大部分（如果不是全部的话）仍然是 Equipo Navazos "有配额的合伙人"。

当年6月，出了"Macharnudo Alto 2号，菲诺酒桶"，9月是来自蒙的亚而非赫雷斯的佩德罗－希梅内斯"De Rojas 3号，PX 酒桶"（译者注：蒙的亚比赫雷斯更加靠近内陆，出产和雪利酒相同风格的一系列酒款，较多使用佩德罗－希梅内斯葡萄，从官方命名上来说不能被称为雪利酒）。年底的时候是"Las Cañas 4号，曼萨尼亚酒桶"。互联网论坛上关于这些葡萄酒的评论和问题铺天盖地，这些酒在爱好者中引起了非常多的讨论。接下来的几款酒，他们决定让3个好友阿尔贝托·费尔南德斯·邦宾（Alberto Fernández Bombín）、基姆·维拉（Quim Vila）和拉蒙·科阿亚（Ramón Coalla）可以进行少量销售，让公众能够买到这些早有耳闻却无缘品尝的葡萄酒。这些喧嚣的声音逐渐跨越了西班牙的边界，直到有一天，英国最著名的评论家杰西斯·罗宾逊（Jancis Robinson）品尝了 Equipo Navazos 的一些精选酒款，在《金融时报》上写下"不得不重新思考对雪利酒曾有过的评价"，因为 Equipo Navazos 的酒打破了她的固有思维。

一切已经势不可挡，先是英国、美国的进口商，接着是新加坡、澳大利亚、丹麦、荷兰、德国、爱尔兰、中国、日本……全世界的进口商！Equipo Navazos 让杰出的雪利酒重新进入了世界酿酒业的版图。

Macharnudo Alto 葡萄园

Valdespino 酒庄的酒窖

Equipo Navazos 的成员只有爱德华多和巴尔金，他们获得了一群朋友的支持，这些朋友也是合伙人和客户，从最初的几桶酒开始就直接参与了这个项目。不过，对爱德华多和巴尔金来说，Equipo Navazos 项目还只是一个爱好，他们还在全职继续他们之前的工作。这种现象很普遍，许多人对葡萄酒疯狂地投入了大量的时间、精力和资源，而他们从事的行业经常是与此毫不相干的。Equipo Navazos 利用自己的资源发掘出了很多真正的酿造宝藏，经常是由于某些原因造成的特殊的桶，甚至有一些被标注为不可使用的桶，为了防止别人取酒，这些桶用挂锁锁了起来，在桶身上标注了醒目的"NO"（译者注：雪利酒的酿酒师会观察不同时期的雪利，并在桶身上根据酒液的状态画上记号，"NO"意味着不可用）。

显然，所有的技术部分都由在赫雷斯生活和工作的爱德华多负责。他作为葡萄种植者，也许更多体现

在对葡萄园的守护上，因为他最出色的工作并非在那些纯白垩土的土壤上剪枝和劳作，而是保护并让赫雷斯和圣卢卡尔德巴拉梅达地区一些伟大的葡萄园重新焕发潜力，如 Macharmudo Alto 和 Miraflores，以及维系与葡萄农的关系。而他在 Valdespino 酒庄和 Estévez 集团的工作也以同样的强度继续着。

葡萄园的重要性

在 20 世纪 70 年代的繁荣之后，Valdespino 几乎是唯一一家逆流而上保持"风土"概念的酿酒厂。他们酿造的 Inocente 雪利酒只使用来自 Macharnudo Alto 种植区的葡萄，在大的旧桶里用传统方式发酵，并经过长时间的陈年（很多人会说这是反商业的），保存了很多被逐渐遗弃的传统的火种。而通常的做法是将雪利三角区内不同地方的葡萄混合在巨大的不锈钢罐中发酵；或者更糟糕的是，从合作社那里购买新酒，仅遵循最短的法律规定陈化时间，并在过滤后装瓶，这样获得的酒几乎是没有颜色、缺少香气且口感乏味的。

爱德华多不仅保留了 Valdespino 所有的传统工艺，还以质量为导向，加强并扩展了这些工艺。从 2007 年 La Guita 被 Estévez 集团收购后，很快就能看出端倪：La Guita 的 2007 年份酒和 2016 年份酒就像白天和黑夜般不同。不仅如此，因为可以接触到 La Guita 的酒，他还发现了一些隐藏的宝藏，如通过 Equipo Navazos 出售的陈年曼萨尼亚（Manzanilla Pasada）就来自 Misericordia 大街上的酒窖主管保存多年的一小桶索雷拉。

"酿造 La Guita 的葡萄最初来自圣卢卡尔德巴拉梅达 Miraflores 种植区的葡萄园，"爱德华多一边向我们解释，一边带我们看了当地最古老的葡萄藤，这些藤随着岁月的流逝而盘根错节，"对我而言，曼萨尼亚不仅仅需要在圣卢卡尔陈年，它使用的葡萄也应该来自当地的种植区，虽然对此并没有法律要求。酒庄固然重要，但可以被建造，真正重要的是葡萄园。"

"我们重新开始将这个葡萄园里的葡萄分开酿造，并进行了许多新的尝试。"例如，从 2000 年进入酒庄工作开始，就有部分桶在管委会的监控下被封闭，用来酿造单一年份的酒，有别于传统的混合不同年份的索雷拉动态陈年方法，"这对为生物陈年型酒的酒花持续提供养分特别有益。"

Equipo Navazos 在不断地发展，已经差不多有 70 个酒款了，我不会详述这些不同的酒款，因为可能需要一整本书才能讲完。他们越来越多地参与到前期工作中，不仅仅是选桶和装瓶，还和生产商在不同的阶段合作，有时甚至从葡萄园开始合作。此外，他们很早就开始和其他生产商合作，促成了 Casa del Inca、Navazos-Niepoort、I Think、Colet-Navazos、OVNI、Navazos-Palazzi 等项目。

不过，爱德华多的首要工作还是在 Estévez 集团里负责 Real Tesoro、Valdespino 和 La Guita 的酿造工作，而我猜测集团一直以来对葡萄园的重视，在很大程度上是因他而起的。Estévez 不是一家精品酒庄，它是整个赫雷斯地区销售量第三的集团，共有 35 000 个雪利桶。有一段时期的趋势是轻视葡萄园的价值并尽量摆脱这个负担，而 Estévez 集团却一直持续不断地购买葡萄园，现在已成为雪利三角区最大的地主，拥有约 750 公顷的葡萄园。Equipo Navazos 的小批量产品就像是装点蛋糕的樱桃，同时也是整个赫雷斯产区葡萄酒（不只是他们自己的酒庄）进军国际市场的先锋。

Macharnudo Alto 葡萄园是 Estévez 集团葡萄园皇冠上的明珠。"Macharnudo Alto 种植区一直享有盛誉，出产整个赫雷斯地区最强劲且有结构感的雪利酒，也是该地区有别于圣卢卡尔地区风格的代表。"爱德华多一边评论，一边带我们走在白茫茫好似滑石粉的路上。冬天，看着那些光秃秃的葡萄藤，很难想象在这片干旱的土地上会有植被。不过，藤蔓正在发芽，奇迹终将归来——这是白垩土的奇迹。

赫雷斯的雪利酒

　　我想值得花一些篇幅简要解释一下什么是雪利酒，因为我们已经提到了索雷拉、雪利桶、白垩土、酒花和其他一些独特的概念。虽然雪利酒是酿造的宝藏，也是世界一流的西班牙葡萄酒之一，但并非众所周知。也许大家都听说过 Jerez（雪利／赫雷斯），但很多人并不清楚它究竟是什么。什么是 Jerez？它是一个地方和很多种葡萄酒（译者注：在西班牙语中，Jerez 既是赫雷斯德拉弗龙特拉这一雪利三角区内重要的城市，也是雪利酒的统称）。事实上，雪利酒包含从非常浅的颜色和极干的口感到非常深的颜色和极甜的口感。因此，它并不是一种葡萄酒，而是很多种类型的葡萄酒。它是包含多种类型的一个通用类别，这些不同的类型有一个共同的来源，即雪利三角区的白垩土。赫雷斯地区葡萄园中最好的土壤几乎是白色的，由纯白垩组成，是造就葡萄酒特殊味道的重要原因，这种土壤被称为 Albariza（白垩土）。

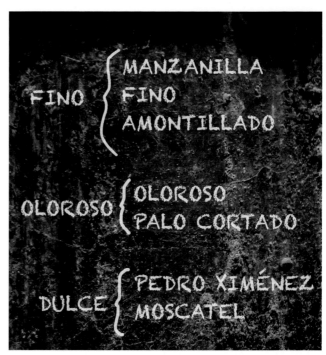

我很喜欢的一个简单明了的分类图

雪利酒的故事可以写一本书。已经有一些很棒的作品，如朱利安·杰夫斯（Julian Jeffs）的著作，赫苏斯·巴尔金自己就和彼得·利姆（Peter Liem）一起写过一本；因此我只在这里解释一下生物陈年和氧化陈年及两者风格的区别。

菲诺是生物陈年的雪利酒，在酒花的保护下陈年。酒花是雪利桶内生长在酒液表面的一层酵母，因为桶内的酒液没有装满，留下了部分空气。在酵母与葡萄酒的相互作用下，酒花赋予了葡萄酒盐水、海风、埃斯巴托草和橄榄的辛辣特性，还充当了隔绝氧气的保护层，保护酒液不被氧化。相反，奥罗洛索是氧化陈年的雪利酒，在木制雪利桶中陈年，缓慢地交换空气并氧化。最后，甜型雪利酒当然是甜的。不过，这些仅仅是开始，一切可能复杂到无穷无尽，因为单一的类型可以结合并混调，从而出现更多的中间类别，但我们不会继续讲下去了。菲诺和奥罗洛索用帕罗米诺葡萄酿造，而甜型雪利酒则用酿造它们的葡萄来命名，分别是佩德罗 – 希梅内斯和麝香葡萄酒。

雪利酒的风味不是立刻就能让人喜欢的，它们非常复杂，一开始很难被接受，而一旦陷进去，就没有回头路了。在某种程度上，它们会令人上瘾。我有一个理论：生物陈年、酒花的作用和酵母层与葡萄酒的复杂反应会产生鲜味，即第五种味道，我们可以将其形象地定义为"美味"。这解释了雪利酒的鲜美，类似于咸味，但更复杂且充满细微的差别。鲜味确实是会让人上瘾的！

安达卢西亚美食

安达卢西亚的音乐是弗拉门戈，在赫雷斯地区非常活跃。爱德华多向我们解释道："弗拉门戈在每个街区都有所不同。"当时我们正开车穿越赫雷斯狭窄的街道，寻找那些巨幅的海报，这些海报正是为了宣传"赫雷斯弗拉门戈节"而装饰在城市的一些标志性建筑上。我们没赶上这个节日，但还是可以在小酒馆里一边品尝小吃，一边享受弗拉门戈。

有人说，南方的美食不能与北方相比。而我相信"下酒小菜（tapa）"是在赫雷斯发明的；即便不是，也起源于附近。据说在酒馆里，下酒小菜的产生是因为需要"盖住"葡萄酒杯，以免苍蝇或蚊子掉落酒中（译者注：tapar 在西班牙语中意为"盖住"，其名词形式 tapa 就是盖子，进而演变为西班牙特有的"下酒小菜"的称呼）。在西班牙南部是有很多苍蝇和蚊子；在赫雷斯及其周边地区，去小酒馆、小饭店喝上一杯菲诺或曼萨尼亚也都很常见。饮用时非常适合搭配一点儿火腿或里脊肉，有什么比薄薄的火腿片或里脊肉片更适合用来盖住杯口的呢？点了菲诺或曼萨尼亚的人都会很快加上一句："伙计，给我来碟下酒小菜！"瞧，这就对了！

在分享了几份下酒小菜之后，我们跟随爱德华多去了他家，就在原 Valdespino 酒庄边上。"我从阳台上就能看到酒庄，"他告诉我们，并继续介绍安达卢西亚的美食，"我们经常在酒吧享用这些美食，特别是炸小鱼，尽管有时候也会自己在家里做。"小鱼（Pescaíto）就是"小的鱼"（pescadito）带有安达卢西亚口音的简化发音。"炸鱼是圣卢卡尔的经典之作"，爱德华多一边说，一边将比目鱼裹上面粉。尽管它看起来和鳎鱼很像，但可别搞混了。

"鱼必须非常新鲜，裹上薄薄的面粉，一定要用干净、高品质的油高温炸。"这种用手拿着吃的裹了面粉油炸的小鱼"必须刚炸完就趁热吃"。可以用同样的方法油炸小鳕鱼、鳗鱼、羊鱼、无鳞小鱼、小沙丁鱼或当地的其他鱼，也可以将比较大的鱼切成块来炸，如鲜美的鲛鱼，通常在油炸前会先腌制一下。"我很喜欢炸鱼，但其实每年我都迫不及待地等着夏天到来，我们和 3 个孩子欢聚一堂，前往 El Campero（译者注：加迪斯著名的餐厅）来一场红色金枪鱼的狂欢。"这座位于 Barbate 小镇的"餐饮神殿"的菜单上有金枪鱼的各种制作方法，对于想要尝试金枪鱼的人来说是个值得推荐的地方。

安达卢西亚冷汤是一种番茄制作的冷汤，早已风靡整个西班牙，并走向了国际。因为容易制作和保存且味道非常爽口，所以在不少西班牙家庭中，它是夏季那几个月的每日必备菜肴。除了番茄，还可以根据口味添加不同比例的黄瓜、辣椒、洋葱、面包、油、醋和盐，全部粉碎或过滤一下，以免结块。享用的时候会再次添加一些固体食材，通常会将相同的蔬菜切成小块，和炸面包一起作为配菜。爱德华多也喜欢加入煮鸡蛋一起食用。如果没有时间冷却，可以加入冰块，但得注意不要加太多了。

我觉得午睡也是安达卢西亚人发明的，尽管那天我们无法体验到。我们漫步在 Valdespino 酒窖昏暗的一排排雪利桶城墙中，结束了一天的行程；酒窖主管陪着我们，不时地用长柄小勺从桶中取出酒样品尝，这些葡萄酒还需要数十年的黑暗和沉寂才能获得智慧。

赫雷斯有一个精灵，他的名字叫爱德华多。

第四章
巴斯克地区

--- ✦ ---

Malus Mama

--- ✦ ---

赫塔尼亚

苹果酒而非葡萄酒

如果这本书里有一个章节与众不同的话，那绝对是本章节。伊涅基·奥特吉·卡斯特鲁门迪（Iñaki Otegi Gaztelumendi）确实是一位酿酒师，他也酿造几款葡萄酒，但他的明星产品并非用葡萄酿造而成。

的确，不是用葡萄，大家没看错。因此从技术上来说，那不是葡萄酒，因为葡萄酒是葡萄汁发酵而来的。

1972 年，伊涅基出生于圣塞巴蒂安（San Sebastián）的一个普通家庭。"我的父亲是位机械操

作员，在蒙德拉贡合作社（Mondragón）工作，母亲则在家照顾我们。"他在家乡完成化学专业的学习后，于世纪之交来到马德里，在马德里理工大学的农学院攻读热门的葡萄种植和酿酒学硕士学位。

虽然，他的明星产品从技术上来讲并非葡萄酒（因为是用苹果酿造的），但从实际效果来看，仿佛是一款世界级的高品质甜酒。事实上，我曾将这款酒放在品鉴桌上，什么也没说，结果没人质疑这不是葡萄酒，而是纷纷赞扬这款酒别具一格、品质上乘，以其极佳的酸度非常好地平衡了甜度。这款酒叫做"Malus Mama"，对我来说是用来介绍"甜酒"和巴斯克地区的理想产品。巴斯克地区因其出众的美食而深受人们喜爱，可惜其葡萄酒常常被遗忘，而当地也出产葡萄酒。

巴斯克地区的葡萄酒

查科利（Txakoli）是巴斯克地区的一种传统葡萄酒，尽管它也在坎塔布里亚（Cantabria）甚至布尔戈斯（Burgos）的一些区域出产，毕竟葡萄酒和风土才不管行政边界划分呢（译者注：坎塔布里亚是巴斯克地区西边的一个自治区，而布尔戈斯则是卡斯蒂利亚–莱昂自治区的一个省份）。这是一款适合在其年轻状态时饮用的葡萄酒。当时人们普遍认为年轻的葡萄酒并无品质可言，唯有经过陈年的葡萄酒才是好酒，年轻葡萄酒仅供每日饮用罢了。可能这个想法要归咎于里奥哈的分级制度，而西班牙葡萄酒分级制度起始于里奥哈，随后传播至全国。

由于查科利和阿尔巴利诺（Albariño）葡萄酒没有"特级珍藏"（Gran Reserva）这一分级，所以大多数人都觉得它们之中不会有伟大的酒。但世事无常，出于许多原因，总体而言就是过犹不及吧，不知从何时起，长时间陈年的葡萄酒开始有了坏名声。突然之间，有部分饮客开始渴求和欣赏新鲜年轻的葡萄酒。不过，并非那些平庸的带点儿果香的新鲜白葡萄酒，那种酒必须冰到温度很低甚至快冷冻了再喝，因为酒越冰，其本身的特点就越难展现，而缺陷也就更不会被注意到。查科利也是一种新鲜的葡萄酒，但它却是内涵丰富的。一夜之间，酸度又成了香饽饽，人们忽略甚久，如今又成了被欣赏的品质。葡萄酒中的矿物质受到更多关注，这是个有些难以捉摸、富有争议的概念，但却真实存在。

突然之间，我们发现纽约的葡萄酒行家们比大多数西班牙人更了解、推崇、畅饮查科利。当然，其中不乏一部分势利眼，他们只喝小众、奇怪的酒或是"老"酒。事实上，海洋和厚砂页岩土壤（白垩土和沙质土壤层层相叠，土壤中富含化石、海藻、珊瑚和木炭）对葡萄酒的影响显而易见，而赫塔尼亚（译者注：Getaria，三个查科利产区之一）大多数的葡萄园都生长在这种土壤上，从而赋予了葡萄酒通电般的矿物质感，这种感觉也是一些人在寻找的。

我问伊涅基是如何与葡萄酒结缘的，他回答道："其实我家里与葡萄酒酿造或葡萄园并无交集，尽管我父亲年轻的时候会酿些用于自己家里消费的数量不多的葡萄酒和苹果酒，这对于有 16 个兄弟姐妹的农场家庭很常见。当我们搬到这里以后，他又去阿斯蒂加拉加（Astigarraga）的一家苹果酒厂打工。我妈妈自家的农场里也做苹果酒，农场位于厄尔宗（Oiartzun），那里有 4 个大橡木桶，能做很多苹果酒，大概 20 000 升吧。卡里卡区（Karrika）的苹果也是在那里压榨的。不过，我们并没有继承母亲的农场。我们住在比亚博纳（Villabona）的时候，父亲确实会去纳瓦拉（Navarra）购买散装葡萄酒，在家里调配、装瓶后自己喝。我和妹妹从三四岁起就开始喝葡萄酒了，尽管当时是拿面包蘸小杯子里的葡萄酒吃。我清楚地记得我妹妹那样做。我们从很小开始就会喝葡萄酒和苹果酒。"（译者注：阿斯蒂加拉加、厄尔宗和比亚博纳均为巴斯克地区的村镇。）

"我读大学时在一家餐厅打工，因此每次去外面晚餐都由我来点葡萄酒。餐厅老板菲力克斯（Félix）和艾娃（Eva）也开始让我吃晚餐时开酒喝，也是他们鼓励我去 Torremilanos 酒庄（译者注：位于杜埃罗河岸）参与采摘葡萄，随后我离开那里又去马德里攻读葡萄种植和酿酒学的硕士了。"

"获得硕士学位后，我又在大学里待了一段时间，遇见了丹尼尔·兰迪和费尔南多·加西亚，他们随后创立了 Comando G；我还认识了马尔克·伊萨尔特，如今在 Bernabeleva 酒庄工作，也是在格雷多斯山脉，以及来自莱文多斯·伊·布朗克酒庄的佩佩·莱文多斯（Pepe Raventós）。他们那时还都是学生，而我则是实习生，负责处理学生和老师间的一些沟通事务。2003 年，我获得了大学实验室技术员的职位，又遇见了许多不同的人。"

我也是在那时遇见了伊涅基。我记得他曾参加过我的几场品鉴会，他很认真地聆听我的每一句

话，吸收和消化所有的内容，参与讨论，学习劲头十足。他最近对我说："我还记得德克·尼波特（Dirk Niepoort）（葡萄牙波特酒和斗罗河葡萄酒最优秀的生产商之一）的那场品鉴会，我记得我们每个人坐的位置、品鉴过的酒款和对每一款酒的评价。我记得每个细节，仿佛就发生在昨天一样。最厉害的是，2016 年的采摘季，我和马洛克（Marco）一起在阿根廷门多萨住了快 2 个月，他是德克的小儿子，我们一起在那里工作，真是难以置信。"伊涅基是一个真正满怀热情的人，一旦投入某件事，他就会对其充满激情。

葡萄冰酒，苹果冰酒

"时间回到 2003 年 5 月的一个工作日，我在马德里的加拿大大使馆参加了一场加拿大冰酒推介会，有幸尝到了我人生中的第一口苹果冰酒！随后我的思绪转得飞快，我太兴奋了！"

"冰酒，德语中又叫 Eiswein，最早出产于德国和奥地利。这是一种甜酒，通过冷冻葡萄中的水分来浓缩葡萄汁，从而获得糖分。葡萄在一个气温低于 -10℃的凌晨被采摘，然后保持冰冻状态被运到酒庄进行压榨，其获得的糖分含量会高出寻常的浓缩葡萄汁，最终做成甜酒。因此，如果你用相同的步骤处理苹果，就会得到苹果冰酒。"

"苹果酒原料果汁的浓缩程度大概是葡萄酒的一半，也就是说，一般苹果酒的酒精度为 5%~6%。我将它们进一步浓缩，使酒精度达到 11%~12%，即与葡萄酒相似。"除此之外，糖分使得酸度几乎感觉不到，反之亦然。"这些处理步骤浓缩了一切：糖分会使发酵后的酒精度升高，浓缩后甜度升高，酸度同样升高，这也很重要。"酸度之于平衡感很重要，它让苹果酒不至于甜得发腻。清爽的感觉平衡了甜味，使苹果酒甜得恰到好处。

伊涅基每年的采摘季还是会去杜埃罗河岸。"随后，我便鼓起勇气去更远的地方。我去了南非，有 5 年的采摘季在澳大利亚，有 3 年的采摘季在新西兰，还去了美国和加拿大。在加拿大时，我专程去了生产苹果冰酒的厂，但我从没忘记杜埃罗河岸，那是我的起点……去年我在阿根廷。"

"2008 年，我在美国为一位西班牙酒进口商工作。由于家庭原因，我决定回到西班牙。就在那时，关于苹果冰酒的想法又被激活了。苹果酒在这里真的很重要，到处都是。要知道，我们边上就是阿斯蒂加拉加——巴斯克苹果酒的中心。"

Malus Mama

"Malus" 在拉丁语中是 "苹果" 的意思，他还要寻找另一个词来组成一个完整的名字。伊涅基也不知道为什么突然间就想起了 "mama" 这个词。"Malus Mama" 他也说不准具体的含义，妈妈苹果？坏妈妈？但发音听上去相当不错，也与巴斯克语有关联，因为 "mama goxua" 或者 "mama" 就能传递美味的信号了。

"那天我去注册品牌，刚办好手续，妈妈就非常激动地打电话给我，我还有些担心，就问她怎么了，她说刚刚在查一本巴斯克语老字典的时候，发现里面写了 'mama' 这个词曾被用来形容最高品质的苹果酒！我简直难以相信！"

我知道伊涅基的苹果酒还得到了艾瑞克·博德莱（Eric Bordelet）的赞赏，他是世界上最棒的苹果酒生产商之一，生产不同寻常的果酒，如以土壤来区分的梨酒，其中有一款原料来自花岗岩土壤的百年梨树。而伊涅基的 Malus Mama，其独特性和高品质甚至惊艳了博德莱。

当果汁浓缩并发酵充分至稳定状态后，下一步便与世界上所有顶级甜酒一样，要在橡木桶中陈年，使酒稳定并获得发展，然后小心地装瓶，随后再在瓶中陈年。

"在投放市场前，先在法国橡木桶中经过第一阶段的陈酿，根据年份待上一年或一年半；装瓶后还要在瓶中再静置几年。此时的酒开始找到其自身的平衡与个性，且经久不衰。总而言之，每一个年份的酒需要四年多的时间才能推出市场。" 2016 年底，他还在收尾酿造 2010 年份酒，虽然之后 4 个年份的酒都已经装瓶完成。

"有次我和一些来自加拿大的苹果冰酒生产商一同品鉴，他们问我是如何酿造苹果冰酒的。我向他们解释了我的酿造步骤，他们便用一种颇为高傲的语气评价我是用工业方法制冷才得以浓缩苹果汁。我就问他们是如何酿造的。他们解释说，冷冻步骤是纯天然的，利用产区的天然温度冷冻果汁。我又问他们，采摘苹果时室外温度还不够低要怎么保存这些苹果。结果他们也是放在冷柜里保存。我就满意地对他们说，这不也是工业手段制冷么。"

一天，我和伊涅基约好在一场品鉴会上见面，因为我想买些他的 Malus Mama，就问他能否直接带给我。他一下沉默了，我也不明所以，便让他把酒放车里带给我。他咯咯笑着说："我的车？我哪里有车，我是一个实业家，我坐长途汽车出门。" 他依然还是一位实业家，但最终还是买了一辆老旧的二手路虎穿行于他的苹果园和葡萄园。"一辆从前的老爷车，如果好好照顾基本可以开一辈子了。"

还有一次，他要给我一瓶品鉴会用的酒，因此我们约好一大清早就见面。他边把酒递给我边说："好了，我得跑了，急死我了。" 然后，他突然转身，真的跑走了！我站在那里，手里拿着酒，看着他飞速远去的身影，心想他可真是个怪人啊！

"mama" 这个词曾被用来形容最高品质的苹果酒。

Etxeburua 苹果园，*Malus Mama* 的起源地

与葡萄酒相似

为了能更好理解他的工作，我们一起去探访了一些苹果园。事实上，我并不了解苹果酒或苹果，我对于葡萄和葡萄园还是知道一些的，毕竟我对葡萄酒非常感兴趣。当我们望着苹果园的时候，我脑中涌现出非常多的问题，我问伊涅基，是不是古老的苹果树更能酿造出高品质的苹果酒，苹果树修剪方式是如何影响苹果酒品质的……"事实上，苹果和葡萄是非常相似的。苹果树的树龄会有很大影响，苹果品种和栽种地点也都很重要。其实说到底，苹果树也是一株植物，就像葡萄藤一样，所有的一切最终都会传递到果实上。植株状态的平衡与健康对苹果酒和葡萄酒的品质都非常重要。生长循环也非常相似，苹果和葡萄的收获时间也差不多。其实，葡萄酒和苹果酒有非常多的相似之处，葡萄园和苹果园亦然。"

"2008 年是 Malus Mama 的第一个年份，原料苹果都来自阿斯蒂加拉加的 Etxeburua 苹果园，那里的果树有 40 年的树龄且品种繁多。园内已知的苹果品种多达 17 种，主要品种有 Astarbe、Mendiola、Moko 和 Goikoetxe。"就像我之前说的，这是个全新的世界。"我正在协商拿下 Fuenterrabía 一处小苹果园的管理权，那里简直太棒了！"

"要想酿造出 2 500 瓶半瓶装（375 毫升）苹果酒已经非常困难了，高品质、低价格更是天方夜谭。"没有人会质疑一瓶高品质葡萄酒的高价，但对于高品质苹果酒的态度却截然不同。因为市场上几乎不存在高品质的苹果酒，大家习惯于低廉的价格。但是，所有的事情都是相对的，如果把 Malus Mama 和滴金酒庄（Chateau d'Yquem）（译者注：全世界最出名也是最贵的贵腐甜酒生产商）相比较的话，可以说前者的价格是非常低的。

苹果树需要非常多的精力去养护，你需要花很多时间在苹果园里，才能得到高品质的果实。伊涅基说："酿造苹果酒真的是因为热爱，而非金钱利益驱使，因为你从中几乎赚不到钱。苹果酒的世界和葡萄酒一样，如果原材料收购价格不高，就不能得到高品质。如果葡萄或苹果的收购价格非常低，就不可能要求果农减产或是把精力放在老藤植株上，从而获得果味更浓郁的果实。因为那样果实的品质会更好，但同时他们的收成就减少了。"因此，果农们对老藤苹果树基本不干预，既不剪枝，也不打理，任由槲寄生入侵。槲寄生会给苹果树带来很大麻烦，至少在当地的气候条件下。"漫画《阿斯泰里克斯历险记》里的德鲁伊用它做魔药祭祀，但槲寄生其实是种侵害树木的寄生物，甚至会将植物缠绕至死。"

我觉得非常遗憾的是，Malus Mama 如此无与伦比，这样具有世界级水准的产品却不为大家所知。我没见过有人品尝之后会无动于衷。Malus Mama 惊艳了所有人：完美平衡的甜度与酸度，清爽感，余味悠长，纯净度和准确性，仿佛是激光切割一般。对我而言，酿造甜酒的一大挑战就是不能发腻。酿造出甜酒很容易，但要甜而不腻，那就非常困难了。

我觉得 Malus Mama 和苹果甜点是绝配，如苹果派或法式苹果挞，真是再合适不过了。然而，搭配相对抗的风味也一样可行：在一些餐厅里，他们会用苹果酒搭配肥美、油腻、充满胶质感的咸味菜肴，如炖牛肚。听上去确实很奇怪，特别是当你想到它的甜味时。然而，这并非 Malus Mama 带来的主要感觉，更多的其实是清爽感，而动物内脏需要那份酸度来切开肥腻的质地，以清洁和重启味蕾。虽然听上去有些自相矛盾，但甜型苹果酒确实可以做到。

伊涅基的主要拥趸们是那些顶尖餐厅的侍酒师们，像是多年前就开始支持他的 Akelarre 餐厅的胡安·卡洛斯（Juan Carlos）和 Sergi Arola Gastro 餐厅的达尼·波维达（Dani Poveda），以及之后 Quique Dacosta 餐厅的何塞·安东尼奥·纳瓦莱特（José Antonio Navarrete）和 El Celler de Can Roca 餐厅的约瑟夫·洛加（Josep Roca）。

我要感谢桑坦德 Cigaleña 酒庄（如果经过坎

塔布里亚，建议您去酒庄看下）的安德雷斯·孔德（Andrés Conde）和来自穆尔西亚的侍酒师阿莱克斯·赫尔南德斯（Álex Hernández），是他们把 Malus Mama 介绍给我的。侍酒师阿莱克斯在知名餐厅 Can Fabes、Ferrero、El Portal de Echaurren 和 Atrio、Ricard Camarena 等工作过，在我写本书时，他正在毕尔巴鄂的 Mina 餐厅工作。他们相信伊涅基的创造，从他们的角度出发，将 Malus Mama 推荐给更多人。顶尖餐厅是他的主要买家，还有一些私人客户也倾心于他。

伊涅基也会酿造一些具有个性的查科利葡萄酒。

Itxi Bitxi 是款自成一类（sui generis）的查科利淡桃红半甜起泡酒，简单易饮，十分解渴，与清淡的开胃菜和前菜很搭；Kaldatz Fiñ 是一款用白苏黎品种（Hondarrabi Zuri）酿造的甜酒，白苏黎也是酿造查科利的主要品种，这款甜酒使用稍微晚收的过熟葡萄，在橡木桶中陈年，其平衡的甜度与酸度让人不由想起 Malus Mama。以上两款酒都没有携带原产地名称保护标识，虽然使用的葡萄都产自赫塔尼亚地区，但是酒款类型却和产区名录所列的完全不同。

Malus Mama 的酒标是一片苹果叶子，由尼可拉·裴迪奇（Nicola Petizzi）设计。

赫塔尼亚

伊涅基说："尼克拉是我的朋友，他花了很多时间构思，用他的好品位来包装这款苹果酒，不厌其烦地修改产品视觉设计。这个项目因为许多朋友的无私帮助才得以实现，就算没有经济回报，他们依然愿意助力项目的启动。"

他的直接客户组成了一个类似私人俱乐部的小团体。如果你想从他那儿买酒的话，他会发一张表格让你填写。他告诉我说："因为我想要知道什么人会喝 Malus Mama。我的客户来自世界各地，但最终我们都成了朋友，无论他们来自伦敦还是安特卫普。不

仅如此，很多人甚至会协助我的产品生产、经销和寻找原材料等。我很幸运，甚至曾经在私人客户的家里住宿过，还分享各自的经历，不断加深了解……这简直太棒了！感谢他们的慷慨，才使我有机会去比利时、荷兰和英国的餐厅展示我的 Malus Mama。最终，他们才是提供帮助让这一切继续下去的人呀。"

伊涅基还想让 Malus Mama 在世界各地出产。他已经在新西兰用当地的苹果成功酿造出苹果酒；最近他在阿根廷门多萨待了一段时间，也让他有机会尝试一番，这个项目已经在顺利进行中了。

巴斯克美食

在巴斯克地区，人们吃得又多又好。美食在这里可不是一个随便的话题，人们对待它非常严肃认真。大家花钱外出就餐，他们能清楚分辨出优劣，会要求高品质的食材，无论是肉类还是鱼类。肉类食材很重要，但来自北方的冷水鱼可以说是品质非凡，毕竟狗鳕鱼脖子（cogote de merluza）是巴斯克人的创造啊！

赫塔尼亚的 Elkano 餐厅距离那些海边的葡萄园仅一步之遥。艾伊托尔（Aitor）继承了父亲的传统，他的父亲是传奇厨师佩德罗·阿雷吉（Pedro Arregui）——第一位将整条比目鱼和狗鳕鱼脖子直接放上烤架的人。比目鱼是很棒的食材，特别是在 6 月初，其肉质肥美异常（我们那时"正巧"在），味道美妙极了。

"kokotxas"是一种独一无二的食材，它是鱼下巴上的肌肉，而每条鱼只有一个鱼下巴。如果你想吃一打，那就要有 12 条鱼贡献下巴！全世界都用其巴斯克语名字叫它，就不用解释这一传统菜肴的起源了。鱼下巴肉质地紧致、充满凝胶，食材必须十分新鲜，然后尽快烹调，才能最好地保留其风味和质地。用炭火烤是最好的烹饪方法。鳕鱼下巴也是非常流行的菜肴，通常会搭配绿酱（译者注：Salsa Verde，用欧芹做的酱料）食用。

当地最传统的奶酪要数伊迪阿扎巴尔牧羊人（Idiazábal de pastor）奶酪了，它使用绵羊奶制作，通常用 latxa 和 carranzana 两个品种的绵羊产的奶制作。伊涅基的父亲来自比亚博纳，一个位于圣塞巴斯蒂安东南面 20 千米处的小镇。"我小时候住在那里，

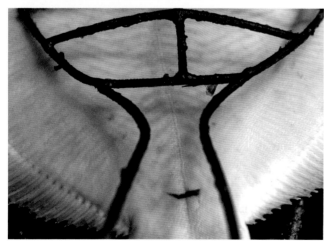

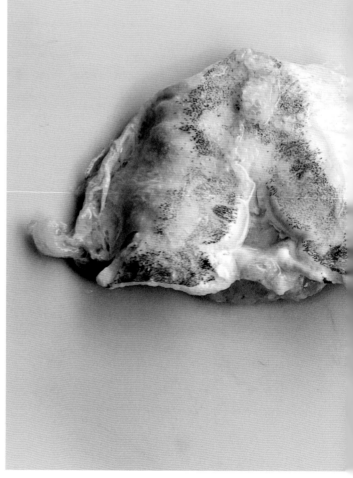

5 岁时搬到了厄尔宗。"他的叔伯们都是 Alkiza 的牧羊人，在 Ernio 山放牧，我们前去拜访的牧羊人路易斯（Luis）便是伊涅基叔伯们的学徒。这些家庭成员之间是一辈子的老相识了，伊涅基的父母至今依然常去路易斯那儿买伊迪阿扎巴尔奶酪。牧羊人的妻子约克塞皮（Joxepi）会协助路易斯的所有工作，特别是帮他做绵羊奶酪。

　　我们买到了非常棒的奶酪。约克塞皮用她非常有趣的口音告诉我们："这是这一季最后一批奶酪，我们每年都会做奶酪售卖，卖完了再从头开始做。"她会将"r"发音发得很重，这对于那些住在巴斯克乡村的人很常见，因为他们的母语是巴斯克语。伊涅基解释道："他们出售的奶酪都很新鲜、软嫩，没有时间好好陈化，而父亲和我喜欢把它们再放一段时间，让其干燥、陈年，风味会变得更加浓郁。"奶酪的风

味无与伦比、相当纯净，还带着一丝绵羊奶和新鲜牧草的味道。他继续说道："对我而言，伊迪阿扎巴尔奶酪一定不能烟熏，我觉得经过烟熏处理的奶酪其风格会被掩盖。"我们每次买的时候总觉得好像买太多了，但其实我们应该买更多。因为当朋友和家人品尝过这个奶酪后，每个人都想要切一块带走！

　　距离 Malus Mama 酒庄不远处就是优质食材的殿堂——Etxebarri 炭烤餐厅。这是一家质朴的餐厅，基本上任何食材都会放到烤架上烤一下，当然包括鱼下巴和排条，还有鳗鱼、鱼子酱、生蚝、狗爪螺，甚至奶制品也要烤一烤，做成凝乳或者黄油！在整个巴斯克地区，有许多美食殿堂令人目不暇接：圣塞巴斯蒂安的 Rekondo 餐厅是葡萄酒的圣殿，Elkano 餐厅是比目鱼的天堂，Etxebarri 餐厅是优质食材的殿堂……还有阿斯蒂加拉加镇，它是苹果酒的圣地！

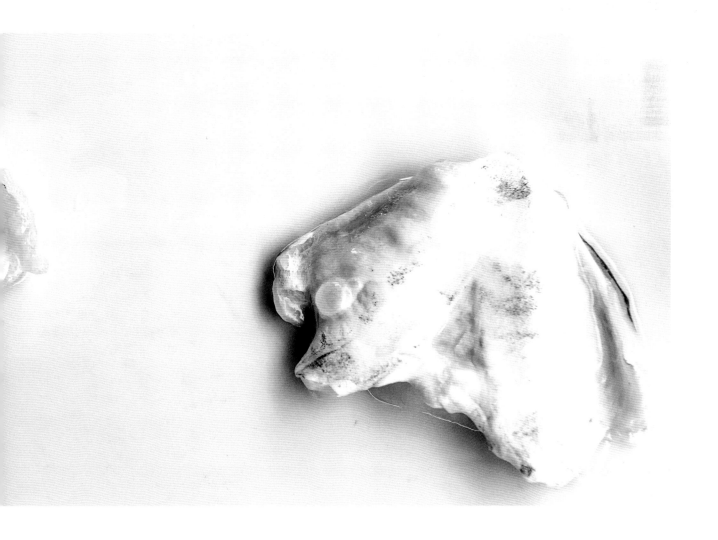

第五章
杜埃罗河岸

Dominio del Águila

拉吉莱拉村的老藤葡萄

拉吉莱拉村（La Aguilera）的老藤葡萄

2002 年，我在勃艮第初识豪尔赫·蒙松（Jorge Monzón）。那时，他还只是个来自杜埃罗河岸村庄的学过酿酒的毛头小子。他谁都不认识，一句法语也不会讲，却毅然决定从最高处开始，敲响了世界最知名的酒庄——罗曼尼·康帝（Romanée-Conti）的大门。我猜想或许就是那份毫不掩饰的赤诚引起了康帝的注意，他们何曾料想到，一个毫无酿酒经验且无推荐信的人，胆敢做白日梦妄想和他们一起工作。但当豪尔赫讲起他的家乡拉吉莱拉村的丹魄葡萄（Tempranillo，在当地也被称为 Tinto Fino）、那些古老的葡萄藤、发酵槽和葡萄园时，他的眼中闪烁着光芒；还有他对于葡萄酒的那份激情，让他们看到了一颗未经打磨的钻石。出人意料的是，他们留下了豪尔赫。

有一次，我从第戎（Dijon）的一场会议中"逃离"，坐出租车来到沃恩－罗曼尼村（Vosne-Romanée）的广场。当年的最后一批葡萄刚采收完毕，那是罗曼尼·康帝的第二次采摘，也是当年最晚采收的一批葡萄。在我到达之前，刚好错过了一场葡萄大战。我记得一串串葡萄经过分拣桌后，两名赤膊壮汉跨进大木桶中开始踩葡萄。他们只穿着内裤，却依然戴着贝雷帽（那是当然）。13 年后，在 2015 年的采摘季，我看到豪尔赫在他自己的酒庄里做着几乎同样的事情，只是这次没戴贝雷帽。

沃恩 – 罗曼尼

沃恩 – 罗曼尼虽然很小，却是整个勃艮第最出名的村庄，豪尔赫当时住在村中心康帝酒庄名下的一间小房子里。他和伯纳德·诺布莱（Bernard Noblet）并肩工作，豪尔赫用法语称呼他为诺布莱先生（Monsieur Noblet）。诺布莱先生担任酒窖主管 30 多年了，负责酿造和管理酒窖中的葡萄酒。之前他的父亲做着同一份职业，这份职业如此重要，以至于父业子承。诺布莱先生在这里出生和长大，可以说是从小耳濡目染。2001 年 7 月—2003 年 6 月，豪尔赫在他身边，仿佛是他的儿子一般肩负着传承的使命。他认识到，即使看起来似乎微不足道，但每个小细节都很重要；他学会了世上无捷径可走的道理，理解了时间的重要性，以及对葡萄酒的完善和美丽的追寻。

那天我和豪尔赫告别时对他说："回到西班牙后，他们会觉得你是个'火星人'（译者注：指异类）的。"关于风土葡萄酒的概念，热爱葡萄酒并以此为生活方式，在那个时代还不常见，在许多人看来酿酒仅仅只是发酵葡萄汁而已。彼时，豪尔赫还在精进自己的法语，有时会西班牙语和法语夹杂着讲，听起来很奇怪。而我之所以知道这些，是因为我也被认为是个"火星人"啊！

豪尔赫的同学兼好友爱德华多·加尔西亚（Eduardo García）是 Mauro 酒庄马里亚诺·加尔西亚（Mariano García）的儿子。他们一起在法国各地旅行，不仅是勃艮第和波尔多，还有罗讷河谷（Rhône）和汝拉（Jura），后者在当时尚未有人关注。豪尔赫说："在法国留学期间我遇到了很多葡萄酒圈的人，比如阿兰·格里洛（Alain Graillot）的长子马克西姆（Maxime），菲利普·吉佳乐（Philipe Guigal）和另一个小伙子，他追随着在汝拉的导师，并最终在那里建成了自己的酒庄 Domaine de la Borde。我们和他还一起去参加了汝拉黄酒节（La Percée du Vin Jaune），度过了一段美好的时光。"那时小伙子们都才 20 多岁，参加派对是生活中的大事。他们总是看起来很快乐，对周围的事有点忘乎所以。几年后的一天，我想起我们曾经约好在 Clape 酒庄见面，那是罗讷河谷科尔纳斯地区最好的酒庄之一。他们把车停在一座教堂旁边，却没有意识到那里有禁止停车的标志，导致车居然被拖走了两次！他们最终也没去成 Clape 酒庄。

在法国留学期间我遇到了很多葡萄酒圈的人，
比如阿兰·格里洛的长子马克西姆，
菲利普·吉佳乐和另一个小伙子，
他追随着在汝拉的导师，
并最终在那里建成了自己的酒庄 Domaine de la Borde。

回到杜埃罗河岸

正如我预料那般，当豪尔赫回到西班牙时，在朴素的卡斯蒂利亚传统地区——杜埃罗河岸，没人能理解他。但幸运的是，现在我们中间有越来越多的"火星人"，就像本书提到的所有人一样！

不过，他回国的时机倒也不错，Vega Sicilia 酒庄是罗曼尼·康帝在西班牙的进口商。我想法国酒庄一定对豪尔赫的热情赞美有加，才让 Vega Sicilia 接纳了他（译者注：Vega Sicilia 是西班牙在全球最知名的酒庄之一）。酒庄希望豪尔赫能负责一个酿造顶级白葡萄酒的项目。的确，曾经有这么一个在 Vega Sicilia 酿造一款伟大的白葡萄酒的项目，主要使用罗讷河谷葡萄品种玛珊（Marsanne）和瑚珊（Roussanne）。豪尔赫之前有些经验：他独自一人进行了 2002 年份罗曼尼·康帝两个大型发酵罐的酒渣分离工作，并与诺布莱先生一同手工装瓶了每一桶 2000 年份和 2001 年份的蒙哈榭白葡萄酒。从葡萄藤到装瓶，他都有所尝试并跟进了其演变，因此他已经对白葡萄酒有所了解。

经过多年的酿造尝试，Vega Sicilia 酒庄的白葡萄酒项目还是无法顺利推进，甚至豪尔赫有近一年的时间都在清洗橡木桶。该项目最终还是在 2004 年夏天被取消了，随后豪尔赫离开了酒庄。

Arzuaga-Navarro 酒庄几乎立刻就聘用了豪尔赫，让他担任技术总监。豪尔赫承包了所有的工作：购买橡木桶，管理葡萄供应商、葡萄园、酒庄和装瓶车间……他不仅在酒庄总部 Quintanilla de Onésimo 负责这些工作，还负责莱尔马（Lerma）和拉曼恰（La Mancha）这两个地区的酒庄，酿造大量葡萄酒。

在 Arzuaga 酒庄的近十年中，豪尔赫做的最重要的事情便是保护了杜埃罗河岸的老藤葡萄遗产。他日复一日为雇主辛勤工作，同时用自己的工资在故乡的村庄买下小块的老藤葡萄园。这些极其珍贵的老藤葡萄园主要种植当地的丹魄和数不清的其他品种，但当葡萄种植者年老退休后，这些地块便无人打理了。如果豪尔赫不买下来，这些葡萄将被连根拔起或是改种丹魄的高产克隆种，可能再搭上格子棚架配合灌溉以提高产量。

如今豪尔赫在杜埃罗河岸产区拥有的优质老藤葡萄园无人能敌，几乎全部都在他的家乡拉吉莱拉村。村子位于布尔戈斯省的杜埃罗河岸阿兰达（Aranda de Duero），该地区也是杜埃罗河岸原产地名称保护最好的区域之一。购买地块不仅意味着拥有更多的葡萄园，要知道葡萄园越多，工作量就越大！豪尔赫坦言道："在完成我的日常工作后，临睡前、休息日或节假日，所有时间我都和父亲一起在葡萄园里度过。"

"2012 年，我们买的圣诞彩票中奖了，用奖金填补了财政赤字，开办了一家啤酒厂，还在 Milagros 村买了葡萄园……虽然杯水车薪，但也对我们帮助很大。" 2013 年 6 月，豪尔赫离开了 Arzuaga 酒庄。"这并不是个容易的决定。我清楚地知道想要致力于自己的葡萄园，酿造自己的葡萄酒，但做决定却相当困难。我们现在的工作比之前更繁重了，但我很高兴能迈出这一步。"

豪尔赫居然开了一家啤酒厂？！他的妻子伊莎贝尔·罗德罗（Isabel Rodero）是一名职业建筑师，他们已经有了两个小接班人。伊莎贝尔说："在嫁给豪尔赫之前我就开始在 Milagros 村酿啤酒了。我在田里看到了好多大麦，知道这些粮食也卖不了很多钱，想着做些事情来增加庄稼的收益。"啤酒最重要的原料之一是水，这很容易解决，因为村子里有天然的泉水。使用当地原料的想法很棒，但最大的问题是啤酒花从何处获得。豪尔赫说："我们种些啤酒花，这是不太容易种的植物，而且有时候时间也不够用，要做的事情一旦碰到一起，真让人抓狂。啤酒是另一个世界，我们在逐渐了解它。"伊莎贝尔补充道："那是一款高度发酵的啤酒，属于艾尔（ale）啤酒，没

有任何人工添加剂，我给它起名为'Milagritos'（译者注：西班牙语'小奇迹'的意思，也是啤酒厂所处的 Milagros 村的指小词）。""至于瓶中二次发酵，我们只选用姐姐养殖的蜜蜂出产的蜂蜜。酿啤酒是件快乐的事，但我们也绝对不会忘记主要目标。"豪尔赫如是说。

当然，葡萄园才是重点。他已经从父母那儿接管了些葡萄藤，尽管他父亲主业是个泥瓦匠，但在业余时间还照看自己的葡萄园。2016 年 7 月，这些家族葡萄园，连同他购买或租用的，总面积已经达到 66 公顷。葡萄园里几乎都是非常古老的葡萄藤。除了在 Milagros 村的"彩票葡萄园"，其余都分布在拉吉莱拉村的 250 个不同地块上。豪尔赫谈起今后的方向时说："我现在的计划是保留约 30 公顷最好的葡萄园作为特级园，妥善照顾它们，然后将其余的葡萄园出租。即使这样，30 公顷葡萄园仍然分布在 120～125 个地块上，这么多葡萄园，我们有点忙不过来。"

在他的葡萄园里漫步绝对是令人惊奇的体验，古老的葡萄藤看起来像雕塑且造型各异。在最凉爽、海拔最高的地方，老藤的枝干被地衣覆盖着，"枝干始终朝北，朝着最冷的方向"。所有的葡萄园都采用高杯式（译者注：en vaso，也称灌木式）的传统剪枝方式，完全不使用棚架。豪尔赫说："在勃艮第，葡萄藤曾经也是高杯式的。棚架式易于劳作，当然这也看每个地区的具体情况，而我一直更喜欢传统的灌木式葡萄藤。"还可以看到不少压条，一种通过将旁边葡萄藤的枝条埋入土中，重新栽种或者替换枯死葡萄藤的方法。"问题是这里有根瘤蚜虫，因此你不能像在智利、阿根廷或加纳利群岛等地方那样，用剪断枝条来分离葡萄藤。"

也许是世界上最小的酒庄

吉尼斯世界纪录或许并不认可，但豪尔赫和伊莎贝尔的酒庄确实是我见过最小的酒庄。40 000千克的葡萄在48平方米的空间内完成发酵，这简直太不可思议了！2014年更是高达65 000千克葡萄，简直太疯狂了！酒庄有一个17世纪的传统发酵槽，正逐步被重建。整个酿造流程实在不易，因为全部都要在不同的高度工作，"在结构上仿佛一个垂直花园"！想要移动任何东西都必须先腾挪地方。如果要把葡萄放进罐中，得先把其他地方的一些零件拆下再装上。在酒庄里使用最多的工具是梯子。豪尔赫跨进罐子中，当葡萄顺着槽滑下来后，他会将其一串串分开，同时轻轻地踩碎它们。太疯狂了！酒庄里没有去梗机（因为根本放不下），因此他们所有的酒款都是100%整串发酵的。

豪尔赫解释道："我们是有意识地回归传统，在葡萄园中进行有机耕作，酿造时不去梗、不额外添加商业酵母，在大桶中踩碎葡萄，让葡萄酒在非常凉爽的洞穴中陈年，使其缓慢演变，装瓶前不做过滤或澄清，使用加网线的瓶子，用蜡封口，酿造淡红酒（clarete）……我并不想创造出新事物，只是尝试诠释这儿传统的做法。"鉴于他对传统的偏爱和在罗曼尼·康帝酒庄的经历，以及对拉吉莱拉村的热爱，豪尔赫把这个酒庄项目命名为Dominio del Águila（鹰堡领地），也并不让人感到惊奇了。

豪尔赫有很多酒都是在洞穴中陈年的。像其他许多村庄一样，拉吉莱拉村里有一个区域集中了大量的地下酒窖，都是15世纪时直接在岩石间开凿出来的洞穴。人们在其中酿造并储存葡萄酒，也会和朋友一起在那里吃饭。他们用田里的刀切开面包和辣香肠，用敞口罐直接从橡木桶中接葡萄酒喝。豪尔赫说："我已经想办法买下了6个相邻的洞穴，有些本来就相连，有些则需要我们做些开凿工作来打通，我们在洞中陈年葡萄酒。"带着葡萄酒在那些狭窄的阶梯间爬上爬下已然很辛苦，搬动橡木桶更甚。"虽然这需要付出巨大的努力，但我还是想要遵循传统，就像前辈们做的那样。此外，这里拥有完美的自然条件，不需要任何制冷设备。"

他只用葡萄园中的一小部分葡萄酿酒，其余则会出售，并经常卖给当地最有声誉的那些酒庄。"我需要平衡，并让收支也平衡。我的计划是慢慢挑选出最好的葡萄园里的葡萄来酿造更多的酒，少卖些葡萄。但我也要维持生计，有些葡萄酒要等到采摘后5年才能出售……而这5年怎么生活？"

豪尔赫酿造的酒款包括两款较为平易近人的Pícaro红葡萄酒和淡红酒，以及一款以酒庄名命名的珍藏级别（Reserva）的主打酒款；除此之外，还有一款特级珍藏葡萄酒和一款白葡萄酒。令人有些惊奇的是，虽然他在勃艮第学习了酿造，但他的葡萄酒依然遵循"珍藏"和"特级珍藏"的分类。豪尔赫解释道："我不希望传统的'特级珍藏'分级消失，因此才坚持想要做一款最传统的葡萄酒，还用金色的网线包裹瓶身。"同时，这款特级珍藏还产自一块非常特别的单一地块——Peñas Aladas。这个地块土壤含量很少，表层布满了石灰石。他认为："这样的土地会酿造出非常强劲的葡萄酒，因此需要长时间的橡木桶陈年来进行打磨，这也是其适合做成特级珍藏的原因。我觉得这款酒可以保存多年并在瓶中持续进化。"这也是豪尔赫对所有葡萄酒的期许。

尽管几乎所有的葡萄园都在拉吉莱拉村，但海拔高低错落、土壤类型丰富，使得它们各有不同。有些区域土壤富含沙子，另一些则布满石灰石；有些葡萄园被森林环绕，孢子会来偷吃葡萄，另一些则空气流通良好；有些葡萄园在开阔的区域，另一些则在更为隐蔽的地区。"这里有非常大的潜力，我们可能会酿造更多来自特定地块的单一园葡萄酒，如Canta La Perdiz，我为此思考了很久，但是很难下定决心。"豪尔赫是个极度的完美主义者，所有选择都不是轻易决定的，每件事都要经过深思熟虑和验证。

论淡红酒（Clarete）的重要性

豪尔赫说："在阿兰达人们有喝淡红酒的习惯，淡红酒是由红、白葡萄品种混合酿造而成，也会像红葡萄酒那样在橡木桶中陈年。我不明白为什么大家都认为淡红酒的酿造是'被禁止的'，我拒绝接受我们的传统葡萄酒被禁止。我想酿造淡红酒，并在酒标上写明此为淡红酒，而非桃红酒（Rosado）。但是，原产地名称保护（DO）不允许我这样做。为此我查阅了欧盟法规，其葡萄酒章节中明确定义了淡红酒，我将法规展示给原产地名称保护管委会并说服他们允许淡红酒的酿造。最终，我的 Pícaro Clarete Ecológico 淡红酒诞生了。"

这款 Pícaro Clarete Ecológico 淡红酒非同寻常，比大多数桃红葡萄酒更有内涵，不仅具有红葡萄酒的结构，在陈年一段时间后，还会越来越多地展现白葡萄酒的香气。是的，我们说的是随着时间的流逝，因为这款淡红酒历久弥醇！我认为采摘年份的 4 年后它开始进入最佳状态，并越来越像白葡萄酒。"当然，因为它最多可能包含 20% 或 30% 的白葡萄品种！"豪尔赫解释道。尽管红葡萄的主导品种是丹魄，但像他的红葡萄酒一样，"其中会有 5%～15% 的其他品种，那些品种在老藤葡萄园的田间混合生长"。

豪尔赫说："从前没有 100% 的丹魄葡萄酒，那是近年才出现的。这里总是将各类葡萄品种混酿，不仅是淡红酒，红葡萄酒也是如此，总会包含些白葡萄，让酒款更具活力和新鲜感。在古老的葡萄园中，混合在田间就进行了，那里有博巴尔（Bobal）、莫纳斯特雷尔（Monastrell）、佳丽酿（Cariñena）、歌海娜、一些白葡萄，甚至那些我们还无法鉴定的品种。"

"这里的白葡萄品种是阿比约，这个名字会让人有些疑惑，因为存在不同类型的阿比约。我认为，格雷多斯山脉、曼确拉、特内里费的阿比约和我们这里的都不同。我在自家的葡萄园中见过至少 3 种不同的阿比约。我用于酿造勃艮第风格白葡萄酒的是那种葡萄串小小的阿比约，在完全成熟后会呈现较

深的金黄色，这是我最喜欢的品种。"

目前，杜埃罗河岸原产地名称保护产区仅允许出产红葡萄酒、桃红葡萄酒和淡红酒。不过，大家都意识到对于白葡萄酒的需求正在与日俱增。有一项动议，倡导增加原产地名称保护的法定品种，接受卡斯蒂利亚 – 莱昂自治区（Castilla y León）任何地方种植的所有葡萄品种。如果全部都划入法定品种，可能将会允许带原产地名称保护标签的白葡萄酒的酿造（译者注：在 2019 年之前，杜埃罗河岸原产地名称保护产区并不允许酿造白葡萄酒，法定白葡萄品种只能用于其他葡萄酒的混酿）。因此，豪尔赫还在静候佳音："我为自己的家乡感到骄傲，为我的葡萄酒来自杜埃罗河岸而骄傲，其中当然包括白葡萄酒。因此，我也想在白葡萄酒酒标上写上'杜埃罗河岸'。"

豪尔赫提及："仅栽种白葡萄的葡萄园并不多，我们有两处小地块，通常是在那些古老的葡萄园里散落着白葡萄品种。酿造白葡萄酒时，我们会先将整串葡萄踩皮，再轻轻压榨一下，然后将葡萄汁装入橡木桶中，置于地下酒窖中发酵，采摘季节后酒窖中的温度非常低。"发酵非常缓慢，有时长达 10 个月。"整个过程都是带酒泥发酵，但不会做搅桶和倒罐。"这款白葡萄酒会在橡木桶中陈年，因此不是典型的带有新鲜果味的风格。然而结果令人惊奇，用阿比约酿造的葡萄酒不仅能保持强劲酒体，同时能够呈现极好的新鲜度，而且非常可口，几乎还带些咸鲜。目前只年产 800 瓶，因为白葡萄本就稀少，何况还要在淡红酒和红葡萄酒中使用。

新的酿酒项目在橡木桶的使用上并不容易，因为需要从全新橡木桶开始。"全新橡木桶在变旧之前会有一段时间带给葡萄酒过多风味。幸好我在勃艮第的时候和那些顶级的制桶商交好。由于我的酒庄产量不高，不需要很多桶，优异的品质是最重要的，而买 7 个高品质橡木桶比买 200 个容易多了。"豪尔

赫在慢慢收集橡木桶，随着时间的推移，这些桶会散发出更少的香气和风味。"但也要考虑到一点，葡萄酒在新橡木桶中能更好地呼吸。此外，你还得好好养护橡木桶，否则它们可能会造成很多问题。归根结底，平衡才是关键。"

"我正在买一些更大容量的橡木桶，500 升和 600 升的，但我还不确定，还在试验中。"由于酒庄和酒窖都太小了，为了把其中一个大橡木桶搬进去，他们不得不推倒一部分墙。"当我父亲看到我们在拆墙，他差点'杀'了我，但是我们别无选择！"看看，这就是"火星人"的举动！

杜埃罗河岸美食

杜埃罗河岸的明星菜是烤羊羔，只用水和盐烹煮。这道菜和这里出产的葡萄酒相得益彰。烤羊羔用的羊是那些只喝过母乳的小羊羔，因此肉质纯净鲜美、入口即化。

"烤羊羔确实很棒，但是当你住在这儿，几乎所有来访者都想吃这道菜的时候，你也不免会觉得厌烦。"豪尔赫有些无奈。即使如此，在完成最后一个地块的采摘后，我们还是说服他找了家有烤炉的餐厅，然后尝了这道必点菜。豪尔赫采摘时说："在雨中采摘让我想起很久以前的事，我们已经有很多年没这样采收了！气候变化导致采摘日期提前了。"而那天是 10 月 12 日，也是从前的采摘日期。

烤羊羔也可以在自家的烤箱中做，但口感绝对不一样。这道菜大家更愿意到餐馆里去吃。如果你想尝试当地最好的烤羊羔，坎帕斯佩罗（Campaspero）的 Mannix 餐厅和罗亚（Roa）的 Nazareno 餐厅是我的两个最爱，尽管在索里亚（Soria）、巴利亚多利德（Valladolid）、布尔戈斯和塞戈维亚（Segovia）的许多村庄中也可以找到很棒的烤羊羔店。当然，在杜埃罗河岸阿兰达也有不少。

第六章
胡米亚

Casa Castillo

何塞·玛利亚·文森特（José María Vicente）

　　很多人觉得这世上根本就不存在巧合，何塞·玛利亚·文森特就是注定要酿出全世界最好的莫纳斯特雷尔葡萄酒。但故事的开头可不是这样的：何塞·玛利亚曾在巴伦西亚大学修读建筑学，他的父亲是一位检察官。他家里有土地并种植葡萄（胡米亚的明星农作物），但家族的 Casa Castillo 庄园之前并非用来酿酒，甚至不是用来种葡萄的。他们从来没有对庄园真正加以利用，只是把土地出租给佃户，收取部分收成作为租金。

　　1991 年，当内梅西奥·文森特（Nemesio Vicente）和儿子何塞·玛利亚用自家葡萄酿造出他们的第一款葡萄酒时，这一切都改变了。庄园里有一座建于 1870 年的古老酒窖，由之前的法国所有者建造，里面的地下石槽被他们用来酿造单一园葡萄酒。何塞·玛利亚坦言："1991 年的时候，我们对酿酒根本没概念。做出第一款酒时，我们还不知道苹果酸乳酸发酵是什么，大概率是装瓶后在瓶中进行的。"他说的时候既觉得有趣，又觉得有些羞愧。

　　从那时起，何塞·玛利亚经过长时间的努力把他的葡萄酒做到了产区最佳，甚至成为最棒的西班牙葡萄酒之一。这些葡萄酒对莫纳斯特雷尔葡萄品种的复兴和胡米亚产区高品质葡萄酒的生产至关重要，它改变了人们对于莫纳斯特雷尔葡萄和胡米亚产区的印象。然而，想让胡米亚对葡萄酒质量上心却是颇费周章，现实中依然是重量不重质的工业化生产方式。何塞·玛利亚在这场为高品质瓶装酒而战的斗争中几乎完全孤立，因为这个原产地名称保护产区居然批准了5升的盒中袋（bag-in-box）包装葡萄酒。

何塞·玛利亚的故事有关个人成长、学习及探索自我定位和发展，这样的事在西班牙东部沿海的莱万特地区（Levante）可不常见，更别说是在胡米亚了。在西班牙，一瓶酒上写着胡米亚基本上等同被"宣判了死刑"，因为这个名字几乎很少意味着高品质，而更多让人想到散装、量产、高酒精度和纸盒包装的粗糙葡萄酒。但是，这种偏见在西班牙之外却不存在，因此最初他的葡萄酒在美国、德国、加拿大、日本和韩国比在西班牙本土更受欢迎，在本土销售高品质胡米亚葡萄酒很困难。2001年，当我初次写到Casa Castillo酒庄时，他们90%的产量是出口的，即使是现在，西班牙市场也仅占了其15%的销量。

在2008年经济危机之前，Casa Castillo在西班牙市场的销量曾达到过总销量的30%，这对于酒庄早期的本土销售数据而言是极大的增长。

1998年，当Las Gravas和Pie Franco这两款酒的首个年份推出市场后，掀起了一场全新的革命。从未有人在胡米亚酿出过这样的葡萄酒，虽然这两款葡萄酒是那个时代的经典风格（重萃取和重桶），但在当时当地可谓是开了先河。

何塞·玛利亚的另一个重大转折点是在2006年，那时的趋势是转为酿造更为平衡并能表达地中海特性的葡萄酒，更注重莫纳斯特雷尔、歌海娜和西拉葡萄品种，使葡萄酒在优雅、精准和反映当地风土个性层面上有了很明显的提升。

Pie Franco 葡萄园

扎根地中海

　　炎热是西班牙地中海气候的特点，这会给葡萄栽培和葡萄酒酿造带来不少问题。首先，葡萄会变得非常成熟和颜色深重。如果你想要酿造高酒精度的酒或用来做混酿的葡萄酒，这倒是件好事；但对于酿造高品质葡萄酒则意味着缺乏平衡，酒精度和集中度过高，有葡萄干、枣子或无花果干之类的过度成熟的味道，以及酸度的丧失使葡萄酒损失应有的活力。另一个问题是酒庄的环境条件。20年前，酒庄里都没空调来控制葡萄酒发酵后的发展状态，因此首要原则基本就是"葡萄酒越年轻品质越好，在酒庄里储存时间越久则越糟糕"。如果葡萄酒整个夏天都在酒庄这种炎热环境中，会造成过早的氧化，若是在室内存放两个夏天，那就更糟糕了！那样的话，特级珍藏级别的葡萄酒会比珍藏级别的品质更差；而最好的葡萄酒会是最年轻的酒，因为它们未曾在炎热的酒庄里遭遇过高温和演变。

　　因此，大家都会觉得莫纳斯特雷尔是一种氧化葡萄品种，最好是将其酿成年轻、新鲜的葡萄酒，而非置于桶中陈年。然而，这不过是当地人粗浅的认识罢了，因为这个葡萄品种早就来到法国 [被称作慕合怀特（Mourvèdre）]，不仅成为优质的邦多勒葡萄酒（Bandol），同时也在教皇新堡产区（Chateauneuf-du-Pape）举足轻重。至于对莫纳斯特雷尔品种的品质和陈年潜力的欣赏，当我们对其还一无所知的时候，法国早就领先我们许多年了。而我们却坚持种植"改良"品种，比如丹魄或赤霞珠，以为这是个解决方案，有些甚至于种植美乐。

　　用225升波尔多橡木桶陈年葡萄酒的做法在西班牙很常见，最先由波尔多传至里奥哈，但这并不适用于地中海气候下的葡萄酒。也许这些葡萄酒并不需要呼吸得这么多，新橡木桶和小型容器都不太适合。

　　何塞·玛利亚通过古老的"试验和失败"认识到了这一点。他一开始先了解莫纳斯特雷尔葡萄，再了解其他适合在胡米亚栽培的品种，从西拉到最近的

Las Gravas 葡萄园里的砾石

歌海娜。关于葡萄酒陈年，他在夏天使用温控设备，减少新橡木桶的比例，引入更大的橡木桶——500升、600升甚至是5 000升容量的。胡米亚以前不就用大型foudres橡木桶来陈年葡萄酒吗？因此，很多时候并没必要去再创造，仅仅回望过去即可。

试验、失败和艰苦的工作循环往复。工作日的一天开始得很早，得充分利用清晨的凉爽，因为葡萄的整个生长季几乎都很炎热，下午在葡萄园里工作可太热了。在那里，工作就意味着去葡萄园中劳作。一天的工作是从黎明开始到下午2:00结束，不晚于2:30，即使在采摘季也是如此，至少工人们是遵循这个时间表的。而何塞·玛利亚，葡萄酒是他生活的重心，因此对他而言并没有工作时间表，酿造葡萄酒可是份24小时的工作。

葡萄酒的力量感和集中度是由气候和葡萄园的状态决定的，面临的挑战是在葡萄酒天然的力量感下找到平衡和精致感。胡米亚葡萄酒很难有如同勃艮第或大西洋气候下的葡萄酒的特点，因为这里的条件并非如此，而葡萄酒是现有状态下的产物。最终，关键词是平衡——精致、优雅、力量和集中度的完美融合。何塞·玛利亚解释道："我们有过多的阳光，向北的朝向让葡萄串可以缓慢成熟，积聚更多的香

气，让酚类物质可以好好发展。" Casa Castillo 的多数葡萄园朝北，仅有少数朝南，而且葡萄生长在穆尔西亚高原上的较高处，海拔为 650 ~ 760 米。

何塞·玛利亚与那些顶级酿酒师的共性是爱旅行。特别是在品酒上，他会购买大量来自世界各地不同风格和价位的葡萄酒，也就是"把钱都花在买酒上了"。我几乎很少看到他喝自己的葡萄酒，就连在接待来访的客户或进口商时，除了自己的酒，他还是会开香槟、勃艮第、巴罗洛或罗讷河谷的酒。我认为这是具有葡萄酒文化并十分渴望学习的一种体现。

本书中的很多人以各种方式联系在一起，他们有共同的激情，有对于葡萄酒相似的理解和经历，对他们而言，葡萄酒早已不仅仅是一份工作了；他们的道路互相交错。例如，我不能说 Envínate 酒庄的成功是因为何塞·玛利亚，但罗伯托·桑塔纳和阿方索·托伦特就曾在 Casa Castillo 工作过，并获得了许多经验。而他们大部分永不停歇的精神，到访各个葡萄种植区，与其他产区酿酒师交流，找寻最好、最奇特的葡萄酒，花钱买酒学习其价值所在（或是价值与价格不符），所有的这一切都是他们在跟随何塞·玛利亚一起去法国罗讷河谷和勃艮第学习与考察时培养起来的。他们结束学业之后以实习生的身份进入 Casa Castillo，在离开的时候和何塞·玛利亚成了一生的好友。

Casa Castillo 的土地最初属于茱莉亚·洛克（Julia Roch）的后代（茱莉亚是何塞·玛利亚的外祖母），实际上公司最初的名字就是"茱莉亚·洛克和孩子们"（Julia Roch e Hijos）。最终，在 2015 年末，何塞·玛利亚和他的姐妹们买下了其他家族成员的股份，这让做决策能更简单。随后，公司更名为已经为人所知的庄园的名字——Casa Castillo。2016 年，他们庆祝了 25 周年纪念，因为 Casa Castillo 酿造葡萄酒的第一个年份是 1991 年。

对我而言，Casa Castillo 很适合拥有自己的原产地命名，即"单一葡萄园"的命名。当然，前提是这一级别的授予标准是品质和个性，而遗憾的是，现在并非如此［译者注：在西班牙的原产地保护 PDO 评级中确实存在"单一葡萄园"（Vinos de pago）这一级别，但从上下文中可以推测，本书作者认为西班牙的这一评级并非遵循品质和个性］。

莫纳斯特雷尔的精髓

在许多葡萄种植区域都有橄榄树的身影，因为它同样也能适应贫瘠的土壤和严峻的气候条件，而这些条件却让其他作物无法生长。许多年前我就听说，未来大多数西班牙的高品质橄榄油将由酿酒师出产，因为他们早已具备了生产优质产品所必备的思维模式，所以能做出最棒的产品，而这种高质量产品在橄榄油市场上尚不多见。Casa Castillo 并没有像很多酒庄一样对外出售橄榄油，不过葡萄园里的橄榄树出产的橄榄油足够多，可供他们个人使用和送给一些幸运的朋友们。

这片区域的景色干燥而粗犷，整个庄园由 400 多公顷的缓坡组成，在 El Molar 山脉的背阴处，主要的作物是前文提到的葡萄和橄榄树，以及杏仁树。这片土地大部分坐落于小镇西侧约 8 千米处，被一片松树林（"我祖父在这片土地上栽种了多达 30 万棵松树"）和地中海矮树丛覆盖着。因为在 1914 年买下这片土地时，其主营业务是细茎针草和木材。何塞·玛利亚说："现在几乎都没有编织细茎针草的手艺人了，

但在人造纤维发明前，这种草在这个地区是很重要的产业，生意很好。"

细茎针草的气味像是干稻草和草垛的粗糙混合，带有一些地中海草本的香气。这些香气在当地的葡萄酒中也很普遍，特别是用莫纳斯特雷尔葡萄酿造的酒。

160 公顷的葡萄园看上去非常大，从土地面积上来说相当于 225 个足球场，确实很大。然而，这里的葡萄园种植密度很低：最早种植的葡萄园里，种植密度为每公顷 1 650 株葡萄藤；而最新种植的则为每公顷 2 850 株。这里也没有灌溉系统，运用严格的旱地耕作法。降雨极少，大约年降雨量为 350 升，集中在 4—5 月和 10—11 月，平均气温 14.5℃，年日照时长约 3 000 小时。

因此，葡萄藤之间需要更多的空间来避免过度竞争资源。在这些条件下，葡萄产量非常低。何塞·玛利亚解释道："就拿 Pie Franco 这款酒来说，有些年份每株葡萄藤只能收获 600 克葡萄。"

编织细茎针草

这也就意味着，从这10公顷出产Pie Franco的未嫁接葡萄园里，根据年份不同，获得的产量仅为6 000~8 000瓶。160公顷葡萄园的年产量约35万瓶，稍加计算就会发现，葡萄园的平均产量非常低。

葡萄园以石灰石土壤为主，这在西班牙很常见，这种土壤出产了许多最棒的西班牙葡萄酒。但在这里大家不太谈论石灰石，也不甚在意，因为石灰石到处都是，而不像在智利或阿根廷，人们对此趋之若鹜。在酒庄的葡萄园里，土壤中的石灰石比例为15%~19%。

所有酒款的原料葡萄都来自这个庄园，葡萄园被分为不同的地块或区域，有着不同的朝向、海拔、日照、土壤和葡萄品种。酒款系列也很简单，基础款是来自多个区域和品种的混酿，其余是4个单一园葡萄酒。所有酒款都是用葡萄自带的酵母发酵，逐渐减少去梗。此外，所有的单一园葡萄酒都会根据每个年份的情况混合去梗葡萄和整串葡萄；同时也在酒精发酵后逐渐不再进行浸渍。陈年在500升的橡木桶或一些更大的桶中进行。

基础款的酿酒葡萄来自葡萄园的各个地块，主要是山谷地带，过去直接用"莫纳斯特雷尔"来命名，但自2015年起改名为Casa Castillo，因为这款酒已经不是100%的莫纳斯特雷尔了，虽然这个品种还是混酿的基础。Casa Castillo的第一个年份混酿了10%的西拉和5%的歌海娜。随着歌海娜的新近栽种，酒庄最终的目标是将其在混酿中的比例提高到15%。这款酒是酒庄产量最高的产品，每个采收季的平均产量为25万瓶。

在砾石坡和山谷间的土地上种植着西拉，这里的土壤覆盖着石灰石-碳酸钙沉积（tosca），这是一种当地常见的紧实的砂质石头，也顺理成章赋予了该地区和葡萄酒名字——Valtosca，即"碳酸钙沉积山谷"。这个地块出产整个酒庄中最为成熟和集中的葡萄酒，2001年是这款100%西拉葡萄酒的第一个年份。

Las Gravas（砾石）葡萄酒的首个年份为1998年，它是所有酒款中迄今为止变化最大的。它一直是莫

拉尔山脉（Sierra del Molar）山脚下多个品种的混酿，那里的土壤多石，表面覆盖了一层30~40厘米厚的白垩土砾石层，底下是肥沃的土壤。葡萄园中的品种比例渐渐发生了变化；最初是60%的赤霞珠和40%的莫纳斯特雷尔；之后越来越地中海化，减少了波尔多品种的种植；2001年开始逐步引入西拉，其后引入歌海娜；2008年的采摘季，赤霞珠从混酿中消失。如今的混酿比例是70%的莫纳斯特雷尔加上15%的歌海娜和15%的西拉。

2006年，他们在一个朝北的区域种植了歌海娜，那里更为凉爽、海拔更高，而歌海娜不像莫纳斯特雷尔那般喜欢阳光。2010年，酒庄用这些葡萄推出了新的酒款El Molar，以庇护葡萄园的莫拉尔山脉命名。酒款色浅、芳香、非常清爽，是一款地中海风格的歌海娜酒，橡木桶被用于酿造，但是几乎察觉不到。论品质和价格，这是西班牙最具性价比的葡萄酒之一了。El Molar的产量逐年上升，因为葡萄园在臻于成熟。

Casa Castillo酒庄是最早在酒标上使用Pie Franco（未嫁接）字眼的，这个表达在当地并不常用。关于未嫁接葡萄园，胡米亚和托罗产区是西班牙拥有最多"未嫁接藤"的地区，即葡萄藤未经嫁接至美洲砧木，具有自己原始的根系。大量的沙质土壤和严酷的环境条件让葡萄根瘤蚜虫难以移动和传播。酒庄著名的Pie Franco酒款来自一处1942年建成的葡萄园，园内的葡萄栽种于附近山脉的细沙沉积物组成的斜坡之上，这类土壤让葡萄根瘤蚜虫很难扩散。"不过这里也会有一些黏土土壤，很适宜葡萄根瘤蚜虫生存，部分葡萄藤还是被侵袭了，有些最终死去。"何塞·玛利亚提及，"虽然这个过程很缓慢，但确实在发生着。"栽种这些未嫁接的莫纳斯特雷尔老藤葡萄的地块叫La Solana（译者注：意为向着阳光的一面），是之前提到的酒庄少数朝南的葡萄园，出产世界上最好的莫纳斯特雷尔葡萄酒之一，可谓是皇冠上的真正明珠。

2009年2月，里昂的一场晚餐让我对这款酒有了美妙的理解。席间我们开了一瓶1998年份的Pie

Las Gravas 葡萄园

Franco，是这款酒的第一个年份，附近商店恰好还有一瓶在售。当时酿造和陈年的方式都有些过度，60天浸渍、深度烘烤波尔多橡木桶陈年……总之，所有的操作都太过度了！我那时已经很久没喝过 Pie Franco 了，而那瓶酒在瓶中经历了惊人的蜕变：所有的过度操作都消失了，酒款忠实地传递着产区和品种的特点——颜色深邃，香气、口感复杂，还伴随着矿物感。我最终得出一个重要的结论：无论一款葡萄酒经历了怎样的操作，只要其背后的葡萄园足够好，它的性格早晚会展现。当然，"背后的葡萄园足够好"是发生这一切的必要条件。

何塞·玛利亚当时也在，那瓶酒再次证明了其葡萄园的品质，让他对那些久未品尝的最初年份充满信心。自那天起，他时常骄傲地展示少量的老年份库存，对自家葡萄酒的发展潜力信心倍增。那一晚，我们都在里昂学到了很多。

无论一款葡萄酒经历了怎样的操作，
只要其背后的葡萄园足够好，
它的性格早晚会展现。

胡米亚美食

　　我们给本书中提到的酿酒师们安排了任务，他们得在自己家做菜。何塞·玛利亚一边煮着肉一边说："真的很幸运，在这里一年中只有少数几个月能用我们的葡萄酒搭配当地的特色菜。"这么说是因为强劲的红葡萄酒并不适合在炎热的日子里喝，炎炎夏日里人们更喜欢清淡的饮食（译者注：胡米亚以夏季炎热而著称）。而胡米亚的冬天是非常寒冷的，一个严寒的 12 月清晨，地上结起了冰，霜冻包裹着植被。这些冬季的霜冻除了能很好地杀死病毒、保护葡萄的健康，也会让你胃口大开，准备好大快朵颐，享受一顿美味的炖菜，再喝上一杯当地的莫纳斯特雷尔葡萄酒。

　　胡米亚美食可以说是相邻的拉曼恰和阿利坎特饮食的结合，即牧羊人炖菜和米饭菜肴。这两款最著名的菜有时直接在旷野上用明火烹饪。说起曼切戈冷汤（gazpachos manchegos），也被称为加利亚诺冷汤或胡米亚冷汤，与安达卢西亚冷汤（gazpacho andaluz）完全没有关系。曼切戈冷汤和面糊粥（gachas）一样，是牧羊人和猎人做的最典型的乡间菜肴之一。牧羊人炖菜是道硬菜，用料有各种肉类，主要看手头有什么或当天的打猎成果，如兔肉、鸡肉或火鸡肉，也可以是一只小小的猎禽（石鸡、雏鸽或斑鸠）加上蜗牛。肉先油炸一下，然后和洋葱、番茄、蜗牛一起煮，面包则切成小块，一部分和肉一起油炸，另一部分沿着盘底放一圈，搭配炖菜一起吃。

　　穆尔西亚、阿利坎特和巴伦西亚的饮食有很多共性，你或许能在其中任意产区找到这些菜肴，比如说米饭和盐渍风干鱼类。在西班牙米饭很受欢迎，但不像葡萄牙人吃得那么频繁，他们几乎每天都吃。即使如此，我自问有多少家庭在周日会吃米饭？比例应该很高，无论是海鲜饭（paella）、菜肉饭（arroz al horno），还是其他的米饭菜肴……

米饭的烹调方法很多样，可以加蔬菜、鸡肉、金枪鱼……既然阿利坎特近在咫尺，山里那些以迷迭香和百里香为食的美味蜗牛既是食材又是调味品，那Casa Castillo 的明星菜便是兔肉蜗牛饭。这道菜传统的做法是在锅里铺一层薄薄的米饭，即一粒米的厚度，因此需要一口很大的平底锅，要有足够大的面积。要想做出这样的米饭，需要很多汤汁并使用明火，而葡萄藤剪下来的枝条能搭出完美的火堆，可以确保汤汁一直在沸腾，使米粒不停翻滚，在煮熟前不会粘在锅底。最终，米粒吸收了所有的汤汁，和热锅底接触形成了一层脆脆的锅巴，这美味的"锅巴"（巴伦西亚语叫"socarrat"）建议直接从大平底锅中舀着吃，别放在盘子中上菜了。

Chinorlet 村（巴伦西亚语写作 Xinorlet）和Pinoso 村（巴伦西亚语写作 El Pinós）尽管位于阿利坎特省的比耶纳（Villena）地区，但会更靠近胡米亚。在这些村庄中能找到绝佳的烹饪米饭菜肴的餐厅，分别是 Casa Elias 和 Paco Gandia。当然，你也可以准备山蜗牛、兔子、葡萄藤枝条和大平底锅在家中烹饪，但如果你是正好路过当地，最好的方式还是去其中一家餐厅享用美食（或者两家都去）。两家餐厅都有各自的粉丝和推崇者，分成两个阵营：Casa Elias 粉和 Paco Gandia 粉。不过，我想这只是口味偏好和情感上的不同吧。

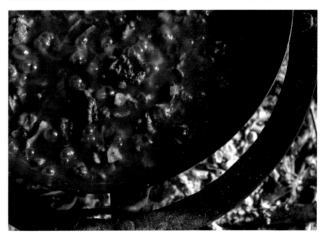

第七章
巴伦西亚

Celler del Roure

巴勃罗 · 卡拉塔尤德（Pablo Calatayud）

我是偶然认识巴勃罗·卡拉塔尤德的，当时他的酒还没有上市销售。那是 2002 年，他在巴塞罗那与雷克纳（Requena）近郊 Mustiguillo 酒庄的朋友托尼·萨里翁（Toni Sarrión）一起参加一场葡萄酒的活动。当时能碰到两个来自巴伦西亚的年轻人生产的优质葡萄酒可不多见，他们为巴伦西亚的葡萄酒行业带来了新气象。托尼已经有酒款面市了，而两人的顾问是来自普里奥拉托（Priorat）Clos Martinet 酒庄的萨拉·佩雷斯（Sara Pérez）和她的父亲约瑟夫·路易斯（Josep Lluís）。

起初我没有意识到巴勃罗是一位生产商，我以为他只是托尼的朋友。托尼告诉我，他的葡萄酒是用博巴尔品种酿造的，而在当时没有人谈论那个品种，或者用其酿造优质的葡萄酒。之后我开始和巴勃罗交谈，想知道他是做什么的，原来他不在 Mustiguillo 酒庄工作，他自己有一个小项目，还告诉我一个更加不为人知的葡萄品种——曼多（Mandó）！我之前从没听说过它的名字。巴勃罗在他的故乡莫伊桑特（Moixent）有一个小酒庄。

曼多、莫伊桑特，这一切听起来都很有趣又陌生，引起了我的好奇心，于是我们相约择日在马德里共进晚餐，好好聊一下这事儿。他执着于酿造具有鲜明个性的优质葡萄酒，因此加深了对当地品种的了解，直到他确信最大的潜力来自被称为"曼多"的葡萄品种。巴勃罗说："一切进展得都很缓慢，因为这个品种几乎没留下什么葡萄藤了。当地人总是把曼多称为优质葡萄，我坚持要对其进行研究，并设法加以恢复。我找到了一些葡萄藤，然后慢慢地获得了果实。如果一个人能提供 300 千克曼多，我会用 600 千克的其他品种和他交换，这样就获得了我需要的葡萄。我渐渐获得了一些植株，并与一个苗圃公司合作种植更多的曼多，或将其嫁接在他们想放弃的其他品种上。最初，我们只有不到 300 株老藤，这个品种的果串小，果粒也不大，且较为疏松，产量中等。"

当时找不到曼多的相关信息，当然现在也没有太多信息。人们认为曼多可能来自巴勃罗所在的巴伦西亚地区，在沿海一带其他地方也能找到，尤其是在巴塞罗那省曼雷萨（Manresa）周边的巴赫斯平原（Pla de Bages）；但也有一些人说它起源于比埃尔索（Bierzo），与塔拉戈纳省（Tarragona）特拉阿尔塔产区（Terra Alta）的莫雷尼约是同一个品种（似乎并不是）；或者说它也存在于拉里奥哈自治区（La Rioja），和特雷帕特（Trepat）是同一个品种（似乎也不是）。众说纷纭，而我们仍然对它知之甚少。

一点儿历史

　　巴勃罗母亲的家里种有橙树，因为"他们来自胡卡（Júcar）河岸的小镇苏马卡尔塞（Sumacárcel），那里种满了橙树"。莫伊桑特不出产橙子，那里的大陆性气候更加明显，类似阿尔曼萨、胡米亚和耶克拉（Yecla）。由于莫伊桑特的温度不如地中海气候更加明显的橙子产区那样温和，所以橙树会被冻坏。但橙子的收购价格非常低，他们并不拿去卖，而是自己吃或赠送给朋友，以及在圣诞节的时候送给酒庄的员工。

　　巴勃罗的父亲是镇上重要的商人之一，非常受人爱戴和尊敬。我觉得巴勃罗是从父亲那里继承了对非同寻常的事物的热爱和激情。长久以来，一直有一批镇上的人会给他带来各种各样他喜欢而又不常见的东西，如蘑菇、猫头鹰等。拜访他在镇上的家始终是一次令人难以置信的学习经历，因为他总能拿出一些有趣的东西给我们看，并分享和解释给我们听。巴勃罗的父亲帕科先生是一位富有冒险精神的企业家、商人和木材专家。他指着附近的一棵树说："那棵松树重约1 500千克。我曾经从事木材生意，可以非常准确地估算出一棵树能产出多少木材。我花了很多时间在越南和马来西亚旅行，并购买奇异的木材和竹子，在我们的工厂制作家具。"

　　正是在家族家具厂的一个角落里，巴勃罗搭建了两个储存罐和一些橡木桶，启动了Celler del Roure项目。"酒庄的名字Roure（橡树）和你父亲有关系吗？"我问他。他笑着说："这里的一切都与我父亲有关，但这个名字来自Font del Roure（巴伦西亚语'橡树喷泉'），这是一个非常有趣而出名的地方，毗邻我们项目开创时所在的庄园。那是一个非常美丽的庄园，有一座老房子和一些漂亮的石松，我是在

那里结婚的。"

　　令我惊讶的是，遇到帕科先生的时候，他坦白是我的追随者之一。"我寻找并阅读你的所有文章，我非常喜欢它们。"那时，我写了很多东西。"我很了解你，知道你的想法。我可能比你妻子更了解你。"这实在有趣，我告诉他，在葡萄酒的世界肯定不会有很多人像他那样了解我，但我写的所有东西都是我妻子编辑的……

　　当时法国的葡萄品种非常流行，如赤霞珠、美乐和西拉，巴勃罗对此趋势并不陌生。实际上，Maduresa 这款酒 2000 年第一个年份使用了 50% 的丹魄、20% 的赤霞珠、20% 的美乐和其余 10% 的各种葡萄的混酿。但是，不久他就发现丹魄在他所在的地区表现不佳，那里一直以来的红葡萄品种是莫纳斯特雷尔。

　　他早期的第二款酒 Les Alcusses 几乎是一个意外，当时是为了给酿造 Maduresa 剩下的葡萄寻找出路。实际上，起初他不想在酒标上出现酒庄的名称。这是在镇上酿造的给当地人消费的酒，以格罗萨山脉（Serra Grossa）中的一个山谷命名，山谷中有一个古老的伊比利亚村庄的废墟 La Bastida de Les Alcusses，在其中发现了重要的文物，如一张用伊比利亚文字书写的铅质薄片，上面的文字意义不明，他们将它复制在了酒标上，后来发现可能是某种会计记录。还有来自公元前 5—前 4 世纪莫伊桑特战士（Guerreo de Moixent）的精美铸铜雕像，于 1921 年被一名工人发现（他一定惊呆了），现在这尊铜像成了小镇的象征，尽管被存放在巴伦西亚的史前博物馆里。

　　Les Alcusses 比预期的要成功。"突然每个人都想要这款酒，需求量甚至比 Maduresa 更多！那时，我意识到了可饮用性和价格的重要性。"

巴勃罗和他的父亲帕科先生

他下定决心要恢复当地的传统并回到自己的根基，以至于开始再次演奏小低音号（bombardino）：这是一种类似于大号或长号的金属乐器（这样说肯定很不专业，但对于业余爱好者来说它们看起来很像）。他小时候就演奏过，长大后有点想念了，因此重拾旧业，和镇上的乐队一起演奏。巴勃罗是那种会做很多事情的人：开始演奏小低音号，研究各种东西，不断学习这个那个……他是一个浪漫而热情的人，还帮自己所属的 Terra dels Alforins 协会（译者注：当地一个葡萄栽培和葡萄酒酿造联盟）制作了一些非常棒的日历，建立了一个迷你菜园（很容易让他参与各种事情）。他愿意做任何使他感到兴奋的事情，并全身心投入，几乎忘记了外界的一切。

巴勃罗与曾经就读的巴伦西亚理工大学关系密切，在那里他进行了剪枝和钢缆束型、微喷灌、多酚监测、葡萄园植被覆盖及其他很多项目的试验和研究。他的另一个兴趣是艺术和设计，因此他的酒标必须是不同寻常的。最终，他找到了一位巴伦西亚设计师丹尼尔·内博特（Daniel Nebot），他曾在 1995 年获得了"国家设计奖"（Premio Nacional de Diseño）。"我当时正在寻找为我设计酒标的人，然后通过一个共同的侍酒师朋友认识了丹尼尔。"丹尼尔为他设计了一个非常具有开创性的酒标，"一串葡萄，但不是画上去的，而是通过在酒标标签上打孔形成的，而装满红葡萄酒的瓶子的底色让它看起来像一串画上去的葡萄。丹尼尔太棒了！"这个酒标设计非常有名。

现在回头看，当时发生了一件奇怪的事，曾一度让巴勃罗非常苦恼：我有一天在里斯本旅行，走在一条大街上突然看见所有的路灯上都挂着巨大的海报，上面是一款葡萄牙的葡萄酒，但却带有 Maduresa 的酒标！

我拍了一些照片，回家后发给了巴勃罗，并告诉他我的所见。他为自己独一无二的酒标感到骄傲，以至于无法相信。那是一家非常有实力的大型酒庄，因此能开展如此大规模的宣传活动。"他们是如此之大，而我们是如此之小，我不知道该怎么办！真是令人烦恼。"

他回忆说："在考虑了很久之后，我通过电子邮件联系了庄主的儿子并前去见他，因为这个事情比较微妙，我更愿意当面谈谈。我给他带了老年份的酒，向他证明这个设计是很久以前的，而且这个事情并不是我编出来的，不然他可能会以为我是想从他那里讹点钱吧……"

"结果庄主的儿子是一个非常善解人意、有魅力和有教养的人，他喜欢音乐和艺术，我们有很多共同之处。他很快就发现我说的都是真的，于是我们不仅解决了问题，还成为好朋友，从那时起就一直保持联系，尽管现在已经很久没有聊天了。显然，他们酒庄有人去过马德里，喝了一瓶我的酒，并且很喜欢这个酒标，于是把它带回葡萄牙抄袭了。我不明白为什么他会以为没有人能注意到……"

"他们是如此之大，而我们是如此之小，
我不知道该怎么办！
真是令人烦恼。"

附录　部分属性设置说明

- struts.configuration=org.apache.struts2.config.DefaultConfiguration
  指定加载 struts2 配置文件管理器，默认为 org.apache.struts2.config.DefaultConfiguration。开发者可以自定义配置文件管理器，该类要实现 Configuration 接口，可以自动加载 struts2 配置文件。

- struts.locale=en_US
  struts.i18n.encoding=UTF-8
  设置默认的 locale 和字符编码。

- struts.objectFactory = spring
  指定 struts 的工厂类。

- struts.objectFactory.spring.autoWire = name
  指定 spring 框架的装配模式。
  装配方式有 name、type、auto 和 constructor (name 是默认装配模式)。

- struts.objectFactory.spring.useClassCache = true
  该属性指定整合 spring 时，是否对 bean 进行缓存，值为 true 或 false，默认为 true。

- struts.multipart.saveDir=
  指定上传文件时的临时目录，默认使用 javax.servlet.context.tempdir。

- struts.custom.properties=application,org/apache/struts2/extension/custom
  加载自定义属性文件 (不要改写 struts.properties)。

- struts.mapper.class=org.apache.struts2.dispatcher.mapper.DefaultActionMapper
  指定请求 url 与 action 映射器，默认为 org.apache.struts2.dispatcher.mapper.DefaultActionMapper。

- struts.action.extension=action
  指定 action 的后缀，默认为 action。

- struts.serve.static.browserCache=true
  指定浏览器是否缓存静态内容，测试阶段设置为 false，发布阶段设置为 true。

- struts.enable.DynamicMethodInvocation = true
  设置是否支持动态方法调用，true 为支持，false 为不支持。

- struts.enable.SlashesInActionNames = false
  设置是否可以在 action 中使用斜线，默认为 false 不可以，想使用需设置为 true。

- struts.tag.altSyntax=true
  是否允许使用表达式语法，默认为 true。

- struts.configuration.xml.reload = true
  设置当 struts.xml 文件改动时，是否重新加载。

与普里奥拉托的联系

"我是在一次去普里奥拉托的旅行中认识了 Mas Martinet 酒庄的萨拉·佩雷斯,那次旅行是与我在巴伦西亚一起学习农业工程的奥斯卡·托比亚(Oscar Tobía)安排的,当时混杂在一群里奥哈人中间。那时我们真的很想学习、改进和获取经验,我觉得在萨拉的帮助下,我们能提高效率。我向托尼提起了这事,他设法说服了萨拉来为我们两个做顾问,并利用这次旅行来我们俩的酒庄看一下。"我告诉巴勃罗,在 20 世纪 90 年代末期,西班牙葡萄酒界有一半的人都爱上了萨拉。"我们非常喜欢她,她的父亲也是巴伦西亚人。她连着三年一直来,不过频率越来越低,然后就偶尔会来。最后,她的父亲约瑟夫·路易斯来得更多了,当然他也是一个天才。"

他对学习和进步的渴望并没有就此结束。"托尼·萨里翁、来自阿利坎特 Enrique Mendoza 酒庄的佩佩·门多萨(Pepe Mendoza)和我一起去了智利和阿根廷,因为那里的采摘季是 2—4 月,这样我们一年采摘两次而不是一次,就可以获得更多的经验。我们三个人总是一起去各种地方。"

不过,西班牙繁荣的经济形势也许是虚假的,不可能永远持续下去。危机迫使他们寻求新的道路。"以前工作日喝 Les Alcusses、周末喝 Maduresa 的人,现在工作日改喝更便宜的葡萄酒,而在周末喝 Les Alcusses 了。"他开始研究生产更加廉价的葡萄酒的可能性:不降低质量,但用纸盒包装,这款酒叫做 Setze Gallets,在巴伦西亚语中表示"很少的钱",相当于卡斯蒂利亚语中的 "cuatro perras"。因为市场和技术都没有为此做好准备,最终这款酒仍然是瓶装的,成了入门款。

他们启动项目时推出的葡萄酒是革命性的:它们是在巴伦西亚原产地名称保护产区(DO Valencia)酿造的最好的酒。然而,时间会使人改变,过去的新鲜事物不再新鲜。人们想要个性化、差异化:如果喝一款巴伦西亚的葡萄酒,就希望它有巴伦西亚的味道。而使用国际品种时,这将更难做到,尤其是那些带有标志性味道的葡萄品种,如赤霞珠或美乐带有的植物风味会让人想起索蒙塔诺(译者注:DO Somontano,西班牙的一个以国际品种出名的产区)、智利、南非或澳大利亚的葡萄酒,或者在最好的情况下会想到波尔多的葡萄酒,但就是不会想到巴伦西亚。如果它们看起来都一样,人们难道不会选择最便宜的酒吗?当葡萄酒出口到国际市场的时候,它们开始与来自世界许多其他产区的类似葡萄酒竞争价格。这是一个正当的市场行为,要求必须有一个很好的价格,但总有人会比你更便宜。在优质的葡萄酒中,风土类的葡萄酒独特而卓越,可以表达产地,提供世界上其他地方无法提供的附加值,这才是需要寻找的差异性。

我已经和巴勃罗花了很长时间来讨论巴伦西亚的葡萄酒:它的酿造和使用的品种等。我们常常几个小时不停,因为巴勃罗很喜欢聊天,加上我们对这个话题充满热情。但当他对某个话题感到兴奋的时候,会变得非常紧张,以至于不停地讲话,让你插不上嘴,言语喷涌而出,没有什么能让他停止。

他们已经开始酿造一系列新鲜的、更少用桶、更易饮用的葡萄酒:红葡萄酒 Parotet(巴伦西亚语"蜻蜓"的意思)和白葡萄酒 Cullerot(巴伦西亚语"蝌蚪"的意思)组成的动物系列,以及另一款红葡萄酒 Vermell(巴伦西亚语"红色"的意思)。

La Fonda 酒庄和 97 个地下陶罐

2006 年，他们在 Les Alcusses 镇新购买了一个已经有葡萄种植的庄园。当时他们需要更多的葡萄来酿制更多的酒，以便让公司盈利。庄园有一个古老的地下酒窖，起初几乎没有引起他们的注意。很长一段时间之后，他们才意识到这个古老的酒窖是真正独一无二的宝藏。莫伊桑特客栈酒庄（Fonda de Moixent）建于 17 世纪，它保存完好，有大型石槽、一个橄榄油磨坊和圆形的地下室。在地下室里有将近 100 个带有盖子的完整陶罐！即使它们不能用来酿造葡萄酒，也已经足够珍贵，更别说它们确实可以用来酿酒！

危机总使人们的感官更加敏锐，因此以前有价值的，现在也许就不同了。永远不应该躺在功劳簿上睡大觉，尤其是在危机的时刻。尽管有很多人推动和鼓励巴勃罗，但一开始他对陶罐的使用仍然犹豫不决：葡萄酒是否会变质？陶罐会不会开裂而造成损失？还有其他种种疑问。最后，他们在其中一个陶罐里放入了一款不太看好的白葡萄酒，瞧瞧会发生什么。

对我来说，最好的陶罐是那些陈旧的、已经存放葡萄酒很多年、被酒液"浸渍"过的罐子。新陶罐酿造出来的葡萄酒常常带有泥土味，就好像葡萄酒溶解了它们而增添了风味。但对于旧陶罐来说，这样的事情应该是很早之前发生的，就像被使用过的橡木桶，它们都是更加中性的容器。当我向巴勃罗说起自己的猜测时，他说："我觉得它们是埋在地下还是露天的也会有影响。"当一款平平无奇的酒被放入这些上百年的陶罐中，奇迹发生了！好吧，或许是一个奇迹的开端。

虽然花了些时间，但 2009 年他们已经在试验陶罐了。如今有 20 个罐子在使用，容量为 600 ~ 2 800 升。不仅如此，他们还从拉曼恰购买了 15 个罐子，放置于巴勃罗父亲设计的地下酒窖里，并于 2015 年将大型石槽投入使用！这在很大程度上归因于充满热情和精力的年轻酿酒师哈维尔·雷弗特（Javier Revert），他对葡萄酒疯狂着迷，推动着巴勃罗承担更多的风险。我想这正是他所需要的，有时候事情并不是一目了然的……

就像图像有点模糊，旋转投影仪的镜头调焦一样，突然所有的东西都清晰可见。咔嚓！好了！非常清晰！又像在做拼图游戏的时候，不断地寻找一片图形，试着拼一下，一片又一片，直到找到合适的正好可以拼上，就是这块了！这就是 Celler del Roure 酒庄给人的感觉。似乎传统、古老的酒庄、地下陶罐、大型石槽、从前的方法和本土葡萄品种终于整齐划一地显示了前进的方向。对我来说，这是巴勃罗在巴伦西亚的最新酒款 Safrà（巴伦西亚语"藏红花"的意思）所代表的。它使用较早采摘的曼多酿造，因此非常新鲜并具有鲜明的特征；他们使用两百年前当地的酿造方式来酿造这款酒（大型石槽、陶罐等）。有时道路是笔直的，而有时则充满了蜿蜒曲折，而我觉得巴勃罗的情况属于后者。

葡萄酒可以变化，但我认为它们终于找到了自己的路。巴勃罗这样解释："我们新的酒款叫做 Safrà，它的诞生是为了更好地诠释我们的地块和古老的葡萄酒。Safrà 是用曼多酿造的，但是和 Parotet 不同。Safrà 更加流畅，尤其更加活泼，带有更多通电的感觉和更多白葡萄酒的灵魂。我们对种植和酿造进行了深思熟虑，同时葡萄藤也获得了更多的智慧，最终我们找到了一直在探寻的、喜欢的葡萄酒的样子，而我们对这个不该被遗忘和鄙视的品种的投入也有了意义。我们了解到，曼多是一种可以稍稍提前采摘的品种，这会让我们寻找的品种特性加强，而将部分整串葡萄放入石槽进行低温长时间浸渍和非常柔和地萃取，它的表现会更好。我们 La Fonda 酒庄的陶罐是这个故事的幸福结局：这些使用曼多酿造的葡萄酒在陶罐中完美陈年。酒标的图案也是一只蜻蜓，但它的颜色介于黄色和橙色之间，很像一些美食或调味料的颜色，如藏红花。"

La Fonda 酒庄

"它完善了我们称之为'古老'的红葡萄酒系列。这样我们就有了 3 个被称为'经典'系列的红葡萄酒款——Setze Gallets、Les Alcusses 和 Maduresa；以及 3 个'古老'系列的红葡萄酒款——Vermell、Safrà 和 Parotet。前一个'经典'系列遵循 20 世纪的葡萄栽培和酿造参数，比如在橡木桶中陈年或偶尔引入外来的酿酒葡萄品种；后一个'古老'系列则是我们对 21 世纪葡萄酒的看法，因此我们也可以将其称为'现代'葡萄酒，但我们更喜欢将其称为'古老'的葡萄酒，因为它们是用古老的方式酿造的。我们只使用本地的酿酒葡萄品种和传统的酿造技术。2015 年的采摘季，我们在一个古老的容器中进行了两次发酵，就是那些石头和灰泥砌成的石槽中的一个陶罐，而从前葡萄就是放在里面用脚踩皮的。"

"我们只使用本地的酿酒葡萄品种和传统的酿造技术。"

莫伊桑特的葡萄园

巴伦西亚美食

"Paella"是巴伦西亚甚至可能是西班牙美食的明星菜，至少是全球最出名的西班牙菜（译者注：Paella 中文常翻译为"海鲜饭"，但从下文可以看出，海鲜不是必备的）。"Paella"其实是制作这道菜肴时使用的容器的名称，在其中放入干燥的米，用藏红花调味，再添加蔬菜、肉类和海鲜等各种食材，有无尽的组合，尽管正统版本是使用巴伦西亚菜篮中所能找到的食材——鸡肉、兔肉、蜗牛、青豆和加洛芬（一种大而扁平的白色豆子，需要长时间炖煮，但之后几乎入口即化）。在国外可以看到以"Paella"为名的其他一些创新的制作方式，但这些版本我们在这里从来没有见过或听说过。

由于可以满足很多人同时食用，所以节日的时候它经常被用来分享。在巴伦西亚，一直有人说"Paella"必须用橘子树的木柴来烹饪，烟气会沉淀在大米上，贡献出一些微妙的芳香。但在莫伊桑特地区，我们已经看不到橘子树了……那么，"Paella"的秘诀是什么？"制作优质'Paella'的主要秘诀无他，就是拥有优质的食材，如高汤、底料、bomba 米饭（译者注：一种常见于西班牙东海岸的圆形中等颗粒的米）、蔬菜、鸡肉等。然后是灶火，最好是用木柴烧火。最后食用前需要静置 3 分钟。在乡下哪有什么烤箱，直接从锅里煮好舀出来吃就对了！"

还有另一种比"Paella"更鲜为人知的米饭，它不是用火直接煮的，而是在烤箱里烤制的，因此名字就叫"烤米饭"。"最好是用柴火烤箱，那比电烤箱要好。"

在乡下习惯早起干活，然后近中午的时候休息一下，吃点东西。这顿午餐非常丰盛，尤其在寒冷的那几个月里。将面糊粥、炸面包屑或两者的混合物在火上煮熟，这也有助于保暖，就像牧羊人毕生所为。此外，还会佐以血肠、香肠、培根、烤肉和一些当地的葡萄酒。午餐后身体想要小睡一会儿，但农夫们会重新回去干活，带着焕然一新的活力和热情。人可不能躺在功劳簿上睡大觉。

第八章
萨克拉河岸

—— ⋆ ——

Guímaro

阡塔达（Chantada）的葡萄园

佩德罗 · 罗德里格斯 · 佩雷斯（Pedro Rodríguez Pérez）

锡尔河（Sil）和米尼奥河（Miño）上的垂直峡谷间、陡峭的山坡或狭窄的梯田上，干燥的石块堆砌的葡萄园形成了迷人的景观；Algueira、Guímaro和其他少数几个当地的酒庄酿造出了高品质的葡萄酒。我相信过去一段时间是它们在维系着萨克拉河岸的名声，虽然发出的动静不小，但当地酒庄稀少，而世界级的优质葡萄酒就更少了。不管怎么说，比埃尔索人劳尔·佩雷斯（Raúl Pérez）借助佩德罗·罗德里格斯·佩雷斯的葡萄园，让萨克拉河岸成为关注的焦点；尽管他们的姓氏相同，却并没有姻亲关系，

邻村多德（Doade），也在那里工作。卡门的父亲教会了马诺洛（译者注：Manolo，曼努埃尔的昵称）有关乡村、农业、牲畜业和葡萄园的一切知识。

尽管来自乡村，佩德罗一度开始学习法律，但最终他还是执掌家族酒庄，从 2000 年起全职投入酒庄的重塑中。"毕竟生活在乡下，从小大伙儿都会在采摘季帮忙，根据每个季节的不同需要帮忙干活。这是典型的加利西亚乡间生活，有鸡、菜园、猪、葡萄园等很多东西。打理葡萄园特别耗费时间，也最终成为我的归宿。葡萄园确实非常束缚人的手脚，但也很吸引人，还能带来很多的满足感。"

至于酒庄，它一直属于家族所有，主要用于酿造自用的葡萄酒和一些销售的散装酒。"不过，我的父母一直认为在那里可以生产优质的葡萄酒，因此在 1991 年对酒庄进行了改造，并在 1993 年参与了地区级葡萄酒产区（Viños da Terra）的设立，该产区最终于 1996 年成为萨克拉河岸原产地名称保护产区（DO Ribeira Sacra）。他们的酒庄属于首批参与的酒庄。"如今，这个实用的酒庄并没有什么惊人的装置，堆满了橡木发酵罐、储存罐和橡木桶，生产的葡萄酒比以前想象的要多。这是一栋简单的建筑，位于他的故乡索贝尔镇桑米尔区（Sanmil），属于圣塔克鲁斯德布罗斯莫斯教区（Santa Gruz de Brosmos），很难被找到。但是，像往常一样，重点不在于酒庄，而在于葡萄园……

佩德罗告诉我："我们家有 4 个主要的葡萄园，分别来自我的外祖父和外祖母。我从小在家听到的这些葡萄园的名字被用来命名我们的葡萄酒——Capeliños、Ladredo、Meixemán（面积最大）和 Pombeiras。"

"我们还有一些土地，最近也在陆续购买一些小地块作为补充，因为在加利西亚有很多小庄园。一家来自普里奥拉托有着丰富经验的公司帮助我们直到最终清理、修葺完毕，又在原先的葡萄园旁边种植了一片新的葡萄园。即使使用了所有现代化的机械，这也是一项艰难的工作，我真不敢想象从前仅靠手工劳作是怎样的景象。"

实际上，这里的地貌与世界其他葡萄酒产区相

纯属巧合。让我们一点点去了解……

佩德罗 1974 年出生于加利西亚内陆卢戈省（Lugo）蒙福特德莱莫斯（Monforte de Lemos）附近的小镇索贝尔（Sober）的一个乡村家庭。他的父亲曼努埃尔（Manuel）来自城市，曾做过卡车司机，当他来到乡下的时候，不得不从头开始学习，进入邮局工作；而曼努埃尔的妻子卡门（Carmen）来自

似，如普里奥拉托，尤其是葡萄牙的斗罗河或德国的摩泽尔：一条或多条带有分支的河流纵横交错，土壤由板岩组成，山坡陡峭，机械化作业几乎不可能。萨克拉河岸唯一的机械化设施是葡萄园中的滑轨。是的，葡萄园内铺设了滑轨，借助电机并通过一根钢缆拉动平台，在采摘季用来升降装满葡萄的篮筐。

在那里工作是很困难的，有人想到铺设这些用于其他山区（如瑞士瓦莱州）的滑轨，在采摘季运送葡萄。"自从安装了滑轨，采摘期间的工作时间已大大减少。我父亲起初有点抗拒，但当他看到我们节省的工作量后就不再怀疑了。"

在这里，传统的葡萄园一直保持原状，因为没有办法对其进行机械化，除了手工作业别无选择。在这里，从来没有进行过地块集中，这一真正的"20世纪的根瘤蚜虫病"已经毁灭了西班牙许多地区很大一部分老藤葡萄园（译者注：根瘤蚜虫病是19世纪肆虐欧洲的一大灾难，对葡萄园和酿酒业造成毁灭性的打击。作者在这里引用这个名字来比喻地块集中对于西班牙老藤葡萄园的损害）。

像该地区的许多其他酒庄一样，Guímaro曾经只酿造年轻的未经橡木桶陈年的葡萄酒，尽管1991年酒庄改造后，他们在1993年出产了一小批橡木桶陈酿的红酒，但橡木桶的使用不是他们的强项。如果不是劳尔·佩雷斯的到来，他们可能就会像该地区的其他酒庄一样，继续酿造年轻的葡萄酒，即时饮用，别无其他。

锡尔河峡谷的梯田

与比埃尔索的关联

　　劳尔·佩雷斯除了自己的葡萄酒及其故乡比埃尔索的家族酒庄 Castro Ventosa 酿造的葡萄酒之外，还参与了多个项目，与来自西班牙整个西北部的朋友们达成了复杂的合作协议。他是第一个发现萨克拉河岸具有潜力生产非常个性化葡萄酒的人。

　　劳尔回忆过往对我说："通过我们在比埃尔索的家族酒庄的建筑师，我认识了来自奥伦塞省（Orense）蒙特雷（Monterrei）Quinta da Muradella 酒庄的何塞·路易斯·马特奥（José Luis Mateo）。之后，这位建筑师在萨克拉河岸建造了一座酒庄，并让我去帮助 Algueira 酒庄一个叫费尔南多的人。我之前从没去过萨克拉河岸，20 世纪 90 年代末我到了那里，开始为 Algueira 酒庄提供酿酒建议。土壤里有很多添加物，葡萄酒都非常还原，因此需要给予空气；这是一场持续的斗争，因为他们当时担心葡萄酒会被氧化，但该地区具有巨大的潜力。"

　　除了劳尔以外，还有一位隐秘的关键人物——来自莱昂的酿酒师路易斯·布伊特隆（Luis Buitrón），他对于萨克拉河岸和 Guímaro 都至关重要。他是最积极推动创建原产地名称保护并为之努力工作的人之一，还鼓励佩德罗一家加入该项目。另外，正如佩德罗向我解释的那样："我还是个孩子时，他就经常来找我父母，谈论他的愿景和想法；从某种意义上讲，是他启发了我，带我离开村庄、参加展会，教会了我很多东西，从一开始就帮助我们。无论是美好的时光，还是困难的时刻，他都一直与我们在一起。对我们来说，路易斯非常重要，没有他，Guímaro 就不会存在。直到今天，他仍然是我的酿酒师。"路易斯的另一个贡献是让他们与劳尔·佩雷斯联系上了，这是一位同样来自莱昂初出茅庐的年轻葡萄农和酿酒师。当时，Guímaro 基本上还在酿造年轻的葡萄酒，还没有掌握橡木桶的使用，劳尔可以帮助他们。

最初，他们把所有葡萄园的葡萄混合酿造，是劳尔建议他们区分不同的葡萄园，控制每个葡萄园的采摘日期并降低产量，使葡萄更好地成熟。实际上，Guímaro当时只不过是一众家族酒庄中的一个，而劳尔的到来改变了一切。佩德罗说："他帮助我们改变了思维模式，找到了生产优质葡萄酒的方法。劳尔还带着我去了全世界，为我打开了那些最好的地方的大门。我永远感激不尽。"劳尔则坦言："现在我们两个人也在比埃尔索一起酿造一款酒。我想经过这么多年，我也欠了他一些东西。15年来我们从未遇到过任何问题，他从来不生气。"奇怪的是，这些人都互相关联，却不知道其他人的存在。不久之后加入的是来自下海湾地区（Rías Baixas）的罗德里戈·门德斯（Rodrigo Méndez），他们形成了一个非正式的团体，酿造加利西亚最好的葡萄酒，而劳尔·佩雷斯就是连接他们的共同纽带。

劳尔·佩雷斯前段时间对我解释说："我既不算在Guímaro工作，也不算为他们咨询。当时我想酿造一款葡萄酒，而我喜欢佩德罗的葡萄园。我不想从他的葡萄园中拿走我最喜欢的部分，那样做太不够尊重，因此我向他提议一起酿造一款葡萄酒，每人一半。我告诉他，'我们都尽力而为，这样我们俩都能从中受益。'可惜的是，葡萄园很小，产量很少，最终变成了市场上几乎买不到的葡萄酒。但是，买到的人都知道物有所值。"他对我提到的这款酒就是El Pecado。

2002年，Guímaro酒庄生产了第一款橡木桶陈年的酒和El Pecado的第一个年份。当初El Pecado仅与另外两款劳尔的葡萄酒装在一个三瓶装的盒子里共同出售，另两款是来自莱昂产区用普利艾多皮库多（Prieto Picudo）酿造的Delitto e Castigo和阿尔巴利诺酿造的Sketch。El Pecado的头几个年份也相当成功，以 2005 年最为风靡。萨克拉河岸是哪里？突然之间半个世界的人都在询问，而起因就是这款 2005 年的 El Pecado。

就这样，劳尔·佩雷斯将萨克拉河岸连带着 Guímaro 放到了世界酿酒业的版图上，尤其在美国引起了极大的热情。如今，《纽约时报》上有关佩德罗的文章几乎比所有西班牙专业媒体的文章加起来还要多。萨克拉河岸（Ribeira Sacra）的名字来自遍布该地区数量众多的教堂和修道院。因为有两条主要的河流，对葡萄酒的酿造至关重要，所以"河岸"这个单词的来源很清晰，但没有办法单独使用两条河流中的任何一条来命名这个产区。因此，考虑到萨克拉河岸既代表了河流（Ribeira 是加利西亚语"河岸"的意思），也代表了该地区的宗教传统（译者注：Sacra 是"神圣"的意思），那就以此命名了。这是一个新起的名字，在 19 世纪的文献中可找不到萨克拉河岸的提法。

由于在葡萄园工作难度极大，也催生了"英雄的葡萄栽培法"一词。在极端的条件下，经常会生产出最好的葡萄酒。鉴于这种困难及葡萄酒被低估的价值，相对于酿造过程中耗费的努力，市场价格实在低得可笑，而且长期以来，葡萄栽培技术非常欠缺，大量使用除草剂、杀菌剂、化学品和葡萄园的系统处理方法。因此，近年来的工作是为这些土壤排除毒素，并恢复传统的耕作方法。

在酒庄里传统也被恢复，现代技术被舍弃：用葡萄自身携带的酵母进行自然发酵而不添加商业酵母；将整串葡萄放在敞开的大桶中踩皮，带梗发酵，尽量少加硫；在没有香气或味道的中性旧橡木桶中陈年。"目前，我们正在转向有机葡萄栽培，这是另一项巨大的努力，但最终一切都有助于提高葡萄酒的质量，这毫无疑问是值得的。"如果可以让优质葡萄酒卖出很少有人能够达到的价格，那就是值得的。

佩德罗和劳尔·佩雷斯

Guímaro 家族

Guímaro 是佩德罗的外祖父和曾外祖父的昵称，也可能是从其他祖先那儿流传下来的，大家都这么称呼这个家族。在加利西亚语中，它的意思是"反叛者"或"不顺从的人"；Guímaros 是那些反对资产阶级和贵族的人。总之，佩德罗的进取精神可能和他的祖先一脉相承。

如今，Guímaro 一家是佩德罗和他的父母曼努埃尔和卡门，大家用马诺洛和卡米尼亚（Carmiña）来称呼他们。曼努埃尔仍在葡萄园里劳作，我们看到他在其中一块梯田上熟练地剪枝，而他的妻子卡门会在任何出乎意料的时间出现在酒庄寻找她的儿子。他们俩仍然参与一切工作，如屠宰、照看菜园、准备食物，就像他们一辈子所做的那样……

目前，Guímaro 酒庄拥有约 9 公顷的自有葡萄园和 12 ~ 14 公顷的租赁葡萄园。葡萄园位于锡尔山坡上的多德［隶属于原产地名称保护产区的阿曼迪（Amandi）子产区］、基罗加（Quiroga）、阿尔瓦雷多斯（Alvaredos）、圣克洛迪奥（San Clodio）、卡斯特罗卡德拉斯（Castro Caldelas）等地区，每个采摘季平均产量为 9 万瓶。

现在他们仍然酿造年轻的红、白葡萄酒，但最杰出的葡萄酒来自特定的葡萄园。尽管葡萄园之间的距离可能不超过 100 米，但朝向和海拔的变化使葡萄酒完全不同。唯一的例外是那款老藤白葡萄酒，由种植在红葡萄品种之间的白葡萄品种酿造而成，并没有一块葡萄园是专门种植白葡萄品种的。这些白葡萄品种大部分是格德约，其余有特雷沙杜拉（Treixadura）和唐娜布兰卡（Dona Branca）等。由于来自不同的葡萄园、土壤、海拔、朝向和藤龄都不相同，这种多样性会影响葡萄酒的复杂性。葡萄酒在橡木桶中发酵和陈年，但酒庄从来不使用新桶。之前他们也出产过类似的酒款 GBG，几乎都是自用，酒都不标年份，不修边幅，但极具陈年潜力。

红葡萄酒以 Meixemán、Capeliños 和 Pombeiras 命名。Meixemán 面积最大，非常重要，因为这是家族一直拥有的葡萄园，也是他们开始认真酿酒的起点，其他的地块较小。有很多老藤葡萄，但并不知道它们确切的藤龄。Meixemán 的葡萄藤可能有 70 年了，位于平均海拔 400 ~ 450 米的高度。

Capeliños 很小，仅 0.5 公顷多一点。"这就是出产劳尔那款 El Pecado 的葡萄园。基本上我们一人一半，50% 的葡萄酒归劳尔，剩下的归我。"葡萄藤的年龄也很大，虽然没有确切的证据，但藤龄应该在一个世纪左右。由于葡萄园的东南朝向，葡萄可以达到很高的成熟度，平均海拔为 350 ~ 400 米。

Pombeiras 更小，不到 0.5 公顷，也有 70 年左右的历史，海拔高度 450 米。"我们在 2010 年首次将其装瓶。像所有的老藤葡萄园一样，在花岗岩成因的片岩土壤上主要种植门西亚（Mencía），并混有各种少量的其他品种，包括卡伊尼奥（Caíño）、苏松（Sousón）、布兰切亚奥（Brancellao）、梅伦萨奥（Merenzao）、内格雷达（Negreda）、廷托雷拉歌海娜（即紫北塞）、穆拉通（Mouratón），甚至其他白葡萄品种。对于其他酒款，我们根据年份不同决定是否部分去梗，但在 Pombeiras 葡萄园酿造的酒则全部按照从前的方法，100% 整串发酵并踩皮，年产量 2 ~ 3 个 500 升的橡木桶。"劳尔的另一款酒 La Penitencia 就来自这个葡萄园，实际上用于 Pombeiras 的酿造方式是劳尔酿造所有酒款时都喜欢用的，即整串带梗发酵。

很长一段时间以来，我经常在葡萄牙遇到劳尔和佩德罗，我们是斗罗地区的德克·尼波特共同的朋友，而他是葡萄牙最重要的酿酒师之一。实际上，一开始我的孩子们认为劳尔和佩德罗是葡萄牙人，因为我们一直在那儿见到他们，而加利西亚的口音和葡萄牙语很像……除了友谊之外，他们还有些商业合作，德克·尼波特在两人西班牙的酒庄里酿酒，而劳尔·佩雷斯也在德克·尼波特斗罗地区的酒庄里酿造

Pombeiras 葡萄园

一款葡萄酒。

德克·尼波特使用 Ladredo 葡萄园的葡萄来酿造他在萨克拉河岸产区的同名葡萄酒，该葡萄园里种有大量的廷托雷拉歌海娜。德克对这个品种很熟悉，因此并不害怕，尽管它的声誉很差（主要是因为过去曾被滥用）。这个品种原名阿利坎特－布榭，在葡

萄牙酿造出了一些最伟大的红葡萄酒，特别是在和西班牙埃斯特雷马杜拉接壤的炎热地区阿连特茹。"1963 年的 Mouchão 含有很高比例的阿利坎特－布榭，是葡萄牙历史上生产得最好的红葡萄酒之一。为什么不能用这种葡萄酿造其他伟大的酒？"德克·尼波特对我们说。

幸运的是，萨克拉河岸的全貌有所改善，除了Algueira、Guímaro、Dominio de Bibei、劳尔·佩雷斯和尼波特以外，还加入了很多新的名字：Castro Candaz（劳尔·佩雷斯本人和罗德里戈·门德斯创立）、Daterra、Envínate、Fedellos do Couto、Sílice；还有一些其他地区的酿酒师也来到了这里，主要是下海湾地区，如 Albamar 酒庄的苏克索·帕丁（Xurxo Padín）、Zárate 酒庄的阿尔贝托·南克拉雷斯（Alberto Nanclares）和尤洛吉奥·波马雷斯（Eulogio Pomares），以及阿根廷门多萨的米切利尼（Michelini）。产区的前景令人备受鼓舞。

萨克拉河岸美食

马诺洛和卡米尼亚在桑米尔镇的家成了一个出名的地方，来自世界各地的记者和进口商都上那儿品尝过著名的"卡米尼亚炖菜"。卡米尼亚和马诺洛比多数酿酒行业的专业人士认识更多知名酿酒师、外国记者和葡萄酒商，因为大伙儿都喜欢去他们家。

我们对加利西亚的印象停留在它的海滩和河口，它的鱼和贝类，它的多雨和夏季的针织上衣（译者注：这里指由于夏季没有那么炎热而需要穿针织衫）。然而，加利西亚比我们想象的要大。奥伦塞省没有一寸海滩，而韦林（Verín）每年夏天都和塞维利亚（Sevilla）一起出现在电视新闻上，展示西班牙的最高气温；卢戈和海也几乎没有交集。加利西亚内陆地区和沿海地区大不相同。

出乎意料的是，著名的烤章鱼或加利西亚章鱼（必须用筷子食用，别用叉子）在内陆城镇中比沿海地区更加出名。实际上，最出名的章鱼食肆位于奥伦塞省河岸地区的奥卡巴伊诺（O'Carballino），距离Guímaro 酒庄大约 40 千米。而在内陆地区最常食用的是肉类，尤其是猪肉，几乎随处可见。

炖菜是一道在整个西班牙都会食用的菜肴，每个地区的做法各有不同，但基本上什么都可以往里加，或者说就地取材（豆子、蔬菜、肉类和灌肠等）。Guímaro 家族每年还在继续屠宰并自制灌肠。当佩德罗的母亲在准备晚餐的时候，他自豪地拿出一根今年自制的腊肠。"因为我喜欢吃辣的，所以这肠有点儿辣。"在葡萄园中穿行一整天之后，这腊肠吃起来简直太美味了。"瞧你们吃了那么多腊肠，等下吃不下晚饭了！"他母亲在厨房里抗议，因为晚餐也不是那么容易消化的。

炖菜里有很多切成小块的不同食材，不过最后大

家总会对其中的一部分争先恐后。"最受欢迎的是猪头肉和猪前肘。据说猪头肉有 17 种不同的味道！煮之前得用盐腌一下，猪浑身上下都是宝，腊肠也很受欢迎。最好是天气寒冷的时候，在 2 月，搭配芸苔叶子（一种在加利西亚及葡萄牙广泛食用的蔬菜）一起吃。"我们到访的那天是 2 月 29 日，一个不太寻常的日子，尽管在 2016 年几乎没有冬天……

第九章
阿诺亚河谷

Josep Raventós i Blanc

传统法起泡酒

在卡瓦起泡酒的世界里，没有比莱文多斯（Raventós）这个姓氏更具传统的了。1872年，约瑟夫·莱文多斯·法尧（Josep Raventós Fatjó）创造出了第一瓶卡瓦起泡酒，尽管当时还不叫"卡瓦"这个名字。起初，它被称为"xampany"（译者注：当地加泰罗尼亚语"香槟"的意思），因为使用了香槟工艺来完成瓶中二次发酵，基酒是用来自某一个特定葡萄园的经典的佩内德斯（Penedès）葡萄品种酿造的白葡萄酒。他的曾孙约瑟夫·莱文多斯·伊·布朗克（Josep Raventós i Blanc）成了起泡酒原产地名称保护的第一任主席，即后来的卡瓦原产地名称保护管理委员会（Consejo Regulador del Cava）。莱文多斯家族的第七代就是我们本章节的主角何塞·莱文多斯（José Raventós），他的全名是何塞·玛利亚·莱文多斯·维达尔（José María Raventós Vidal），他还在同一个葡萄园工作，大家从小就叫他佩佩（译者注：Pepe，José 的昵称）——佩佩·莱文多斯，便一直叫到现在了。

这个葡萄园曾是 Codorníu 酒庄的基石，延续到他祖父那一辈一直在这个家族企业工作。"从某一刻开始，酒庄里的很多事都与我祖父的想法产生了分歧，但当家族企业中的股东众多时，那些可能与眼前利益背道而驰的决定便很难推行了。由于对葡萄酒质量的意见不一，祖父离开了公司。1982年，他卖掉了酒庄的股份，挥别了这个担任董事、总经理和酿酒师40多年的地方。不过，祖父是长子，即继承人，加泰罗尼亚语称为'l'hereu'，他有权继承属于他的那份遗产——130公顷具有历史的葡萄园，这也是一切的开端。随后，他决定创建自己的酒庄，并酿造卡瓦酒。不幸的是，祖父在看到项目启动和运行前就去世了，由我的父亲曼努埃尔·莱文多斯·内格拉（Manuel Raventós Negra）接手继续。"这个酒庄用佩佩祖父的姓氏来命名——莱文多斯·伊·布朗克

（Raventós i Blanc），而他的名字也叫约瑟夫·玛丽亚（Josep María）（译者注：西班牙人喜欢沿用先辈的名字，因此前文中可以看到几代人的名字多有重复。而Josep 和 José 只是写法不同，前者是当地加泰罗尼亚语的拼写，后者是西班牙语的拼写）。

凤凰重生

"我祖父去世后，莱文多斯酒庄失去了灵魂人物，最初的十年很艰难。"在扩张期间，他们收购了一个波尔多酒庄——Chateau d'Aiguilhe 位于卡斯蒂永山丘（Côtes de Castillon），是圣爱美隆（Saint-Émilion）地区算不上出名的产区。"当时我负责酿造波尔多的酒，因为我想提高一下法语水平，不过我一般都和叔叔伊西尼奥（Higinio）一起处理社交事务。随后我有机会和法国的重要人物一起工作了，如迪迪埃·达格诺（Didier Dagueneau），他是卢瓦尔河产区白葡萄酒的代表人物之一，我也很喜爱这个产区，和他一起我学到了很多。迪迪埃·达格诺在法国葡萄酒行业举足轻重，不幸的是他在 2008 年的一场飞行事故中

离世。他是一位硬汉，古怪又充满激情，不是个谨小慎微的人。我记得有一次他非常严厉地训斥了我，是我人生中最糟糕的一次被训，因为我做错了一些事。我和他儿子本杰明住一起，本杰明也承受着他完美主义父亲带来的压力和'铁腕统治'。"

说到莱文多斯酒庄，佩佩提起："当时整个酒庄和项目的规模都太大了，因为祖父之前都是在和大产量的葡萄酒打交道，但也得益于他的经验，许多事情都是从高品质和工作的便捷性出发。我们如今拥有一流的酿酒设施，且无论设施规模如何，总能与乡村的景色完美融合。但我们也有不足，缺乏对市场和销售的了解，而这一点至关重要。"结果在

20 世纪 90 年代末，公司濒临破产边缘，必须做出重大的决策。

"我们只好卖掉波尔多的酒庄、部分葡萄园和一些房产，用来偿还债务和维持公司运转。出售的房产中包括我父亲继承的 Codorníu 最初的房子，我祖母直到出售前一直住在那里。这栋盖在旧农舍旁边的精美绝伦的建筑由约瑟夫·普意奇·伊·卡达法尔克（Josep Puig i Cadafalch）建造，他是 20 世纪最著名的加泰罗尼亚现代主义建筑师之一。2000 年，我开始认真地与父亲一起工作，推动酒庄的发展。多年的投资和辛勤工作得到了回报，因为在 2006 年我们终于实现收支平衡，公司再次盈利。"

辛勤的工作开始于更深层次的培训。"之后，我去了马德里，在马德里理工大学攻读葡萄种植和酿酒学硕士学位。我学到了很多知识，认识了很多人，度过了愉快的时光。我喜爱马德里。我记得曾到 Cuenllas（译者注：马德里著名的餐厅和酒吧，带有自己的美食美酒商店）这样的商店向他们推销我们的葡萄酒。"当时就读的大学实验室的一位工友说："我从佩佩身上学到了很多东西：不要害羞，还有直销的方式……"显然，销售自家的葡萄酒总在佩佩的议事日程上。

所有这一切都是为了重整旗鼓，回归创始人最初的精神、回归传统、回归到农舍。"农舍"（masía）是典型的加泰罗尼亚乡间住所，人、动物和植物和谐共处。说起来容易，做起来难。"有文件证明，早在 1497 年，我们的庄园就有栽种葡萄。我是这样做的第 21 代，这是欧洲极少数家族可以夸耀的遗产，只有来自埃米塔日的沙夫家族（Chave）和一些德国家族可以这么说。我们拥有非常悠久的历史。"他认为遵循传统的方式便是寻求质量和身份特性，而不是追求数量。"当我的祖先开始酿酒时，他们是想做出世界一流的葡萄酒，而非没有地理身份的量产酒。"

要想做出世界一流的葡萄酒，佩佩认为必须定下非常苛刻的要求。"如果我们想要一个身份，那就必须定义原产地，然后通过传统品种来展示原产地特点，不混合年份，让葡萄酒表现出各个年份的特点。

必须是你自己酿的酒，不能从别人那里买，更别说购买已经完成的 'en punta' 的酒。""en punta"指的是起泡酒已经完成瓶中二次发酵，只需要除渣、贴上标签就能上市。由于这些酒通常是瓶口朝下倒置的，所以酒泥就会积聚在靠近塞子处，能方便并干净地取出。这样的酒被买进卖出，不在乎是谁酿造的，说到底只是一件商品。

"从外面购买的葡萄不应该超过总使用量的 20%，且要从专门从事葡萄种植的当地农民那里购买，他们以葡萄种植为生（而不是周末来种葡萄的爱好者）。我们在葡萄园里帮助他们，并为葡萄支付合理的价格。采购葡萄的底价是最基本的，一分价钱一分货，价格意味着质量。"佩佩一直很关心葡萄的价格问题。"如果我们想让工作顺畅，就必须为葡萄支付合理的价格。低得离谱的价格不可能得到像样的质量。如果工作得不到回报，那就很难做好。我们支付的价格高于平均水平，因此我们也有高于平均水平的质量要求。'随便都可以'的心态是行不通的。"

"我祖父是当地最受爱戴的人之一，因为他为农民能获取葡萄合理的收购价格而操心。"佩佩如是说，而这是真的。我们当时正在葡萄园里查看土壤截面，可以看到在石灰石块中散落着许多海洋化石，然后遇到了一位农民。"payés"是加泰罗尼亚乡村农民的称呼，尤其是我们遇到的这位有着明显的特征（被太阳晒得黝黑的、饱经风霜的皮肤），他刚刚完成一天的工作，正在收拾工具。他的葡萄园看起来好像刚被修整过，可以看出他努力工作并为此感到自豪和享受。我们停下来和他聊天，他和当地的每个人一样，谈起佩佩的祖父都带着钦佩和尊重。当听到他说起自己的祖父是如何照顾村里的人，其中许多是为他供应葡萄的农民，佩佩很是感动。他的祖父关心这些人能够过上好日子，工作受到尊重，葡萄出售的价格合理。

我拿起一块嵌满了贝壳和海螺的石灰石，看上去非常漂亮，好像是有人故意为之。这就是佩佩所说的布满海洋化石的石灰岩土壤，大约有 1600 万年的历史，虽然我们感觉很遥远，不过对于土壤来说其实是相对年轻的。"在中新世时期（Mioceno），这里全是

"不幸的是，祖父在看到项目启动和运行前就去世了，由我的父亲曼努埃尔·莱文多斯·内格拉接手继续。"

海。海底富含碳酸钙，碳酸钙来自大量鱼类和其他海洋生物的骨骼。石灰石对我们的葡萄酒至关重要，它带来了我们所追寻的矿物新鲜感。"

佩佩指出："但要让葡萄酒与土壤有这种联系，我认为得遵循有机耕种，甚至更进一步，推行生物动力法。当然，产量必须限制在每公顷 10 000 千克以内，手工采摘并控制合适的采摘日期。葡萄藤的年龄不能小于 10 年，虽然理想情况下应该超过 20 年。葡萄酒需要至少 18 个月的酒泥接触陈酿时间，气泡在这段时间里生成，除渣后应该尽可能少添加糖，每升限制在 5 克，而不是如商业香槟中会加 10 克或 15 克。"最后也是最重要的是，"必须都是年份酒，这是真正承诺让大自然成为主角，而不是当班的酿酒师。"

这些都是他对自己酿造的要求，极其苛刻，远比目前产区的官方规范要严格。"因此，我们退出了卡瓦产区。"2012 年 11 月，他们宣布脱离卡瓦原产地，离开几乎由他曾祖父一手创建的产区。他们不是第一个发出脱离声明的，之前也有其他人离开，只是不像他们如此重要；他们是原产地名称保护创建者的后代，是第一个运用传统香槟工艺加工佩内德斯当地葡萄酿造起泡酒的后代，也是产出第一批卡瓦酒的葡萄园的管理者。一家具有历史意义的生产商"弃船"了。

有人说这太疯狂了，简直是商业自杀行为，还有许多其他评论。我们问佩佩这个决定是否对他们起泡酒的销售有影响，他回答说："其实并没有什么大的变化。如果从地理区域上来说，离开卡瓦原产地名称保护可能对当地市场产生的影响更大一些，因为有些人觉得这是对自己本源的背叛。但与此同时，我们也找到了相信我们的人，其中许多来自美国，他们思想开放、不带偏见，关注产品本身胜于酒标。让人们理解这一点很重要，因此你需要去解释。"

佩佩说："2010 年，我们决定带着 4 个孩子去纽约生活。接触终端消费者至关重要，这也是我们搬去美国的众多原因之一：与市场直接接触，了解人们想要什么，对我们葡萄酒的看法，他们在寻找什么……或许如果我没有去纽约生活，我们也不会脱离卡瓦原产地名称保护，不过谁知道呢。只是身处异国，你可以从不同的角度看待事物，反而更清晰；跳出本来身处的环境，暴露于市场的现实面前。"

"石灰石对我们的葡萄酒至关重要，
它带来了我们所追寻的矿物新鲜感。"

阿诺亚河谷

　　离开卡瓦产区后的想法很简单——回根溯源。佩佩说："正如我告诉你的，这个区域距离巴塞罗那仅半个多小时车程，1 600 万年前这里全都在海底，因此留下了海洋生物遗骸的沉积物，之后变成化石，形成了独特的土壤。"在圣萨杜尼·德·阿诺亚（Sant Sadurní d'Anoia）的 El Serral 镇甚至还有一个中新世时期珊瑚礁的遗址。"然后，河流在这片土地上留下

了印记，创造出如今的地形，如阿诺亚河（Anoia），我们的村庄 Sant Sadurní 就以此命名（译者注：小镇全名 Sant Sadurní d'Anoia，意为 Anoia 河流上的 Sant Sadurní）；众多支流、河流和溪流，如 Bitlles 或 Lavernó，勾勒出了区域边界。我想这里可以称作阿诺亚河谷，于是我就用 Conca del Riu Anoia（译者注：加泰罗尼亚语的阿诺亚河谷）来解释我们所处的位置

和我们是谁。我是在《乡野生活》（*La vida al camp*）这本书中找到这个名字的，那是我们家族一位先辈写的——豪梅·莱文多斯（Jaume Raventós），他于19世纪末20世纪初驰骋在马背上。"

"我想在这附近找六七千公顷的土地（这面积不算小，大约与罗讷河谷的教皇新堡产区相当），这块区域拥有与众不同的土壤，然后按照我们加诸自身的严苛要求来酿酒，成为一个小型的优质产区。"这不是一件容易的事，因为这里几乎没人按照那些严格的标准酿酒，现在我只能想到一家……

说起回到过去、回归农舍生活，这些可不是空话。2016年夏天，佩佩在庄园里盖起了房子，等到孩子们学期结束，他们便从纽约回来了，带着搬家的拖车，一家人住进了庄园。"我想住在乡下，靠近我们的葡萄园。我想待在这里，成为其中的一部分，直到最后。"佩佩正在建造一座农场，"我们已经从帮忙犁地的葡萄农那里得到了一匹马，它叫'Bru'，几天前第一批母鸡也到了。不过也许是因为旅途的压力，它们没有马上下蛋；但就在今天早上，我看到母鸡下了到这里的第一个鸡蛋，我很满足地把蛋拿给了太太。今晚我会吃到用我自己的母鸡下的第一个蛋做的煎蛋卷。"

"我们正在努力保护环境和恢复平衡。曾有条高压电缆横穿庄园，2015 年我们克服了许多困难，想办法把它埋到地下。掩埋高压电缆是有某项欧盟资金援助的，只是那笔资金一直没到账。但我对这个决定很满意，不用再看到那根高压电缆了，今天要是让我再选一次，我还是会自己埋。"佩佩不仅关心商业和葡萄酒品质，同时也倡导可持续发展。

"我还给庄园买了些驴子，因为一位朋友告诉我，根据他打理类似林地的经验（林地需要保持清洁，避免火灾风险），如果能放养些驴子，它们会吃掉所有的东西，保持林地清洁，这些用人工操作是不可能做到的。因此，我给庄园添了两头驴子，我们开始一起劳作。"每个人都会停下来给驴拍照，驴也是加泰罗尼亚的典型标志之一。"真是令人难以置信，我们必须到处设置狩猎围栏，控制驴子的活动范围，因为如果完全放养，它们会吃掉所有东西，甚至是葡萄藤和葡萄！但驴子确实能保持林地边缘清洁，还能产出粪便，以堆肥和制剂的形式返回庄园加以利用。把母鸡都安顿好后，我又想养猪了，有了猪就能恢复屠宰的传统。我弟弟住在比利牛斯山，他们那里一直这么做，这让我很羡慕。我想回到传统的乡村生活，我认为这是一件非常美妙的事。"

当然，事情也会有不尽如人意的时候。佩佩的父亲和祖父选择了一棵百年橡树作为酒庄和葡萄园的标志，一切都围绕着这棵橡树，如酒庄的设计和建筑，所有酒款的酒标上也有。2009 年，老橡树在种下 500 多年后，因为一场猛烈的暴风雨而生病倒下了，一些根部暴露在外。老橡树虽然存活下来，但逐渐失去了活力，直到 6 年后最终死亡。"很遗憾，但

大自然就是这样。"佩佩用他的北美精神很快为这件事找到了积极的一面："关于如何处理老橡树，我们有很多创意。我最喜欢的是创作一个雕塑，埋入地下。你听说过有人埋葬一棵老橡树吗？"他热情洋溢地谈论着这个从最初的悲剧中产生的新项目。

探索生物动力法

　　我先前提到过，佩佩他们使用有机耕种，不用杀虫剂、除草剂或是合成产品，而且更进一步，遵循生物动力法。生物动力法是一种农业理念，即根据月球和行星的周期来开展葡萄园工作。"对我来说，生物动力法最主要的是'生物'部分，即有机劳作；其次才是'动力'部分，那些难以理解的制剂和行星。"我告诉佩佩，有机耕种对我来说越来越重要，因为我们不经意间吃进去的杀虫剂和其他垃圾可能是导致许多问题的源头，虽然也许没有直接被联系起来；而回归健康饮食习惯，必须从健康的食品开始，这至关重要。佩佩说："你现在担心的这些，德国人从 20 世纪初就开始担心了，因此他们组织了一系列会议，期间鲁道夫·施泰纳（Rudolf Steiner）为生物动力学奠定了基础。"

　　1924 年 6 月 6—17 日，在德国举行了几次会议，

会上施泰纳向农民讲述了他的想法。文字的版本读起来有些吃力，不过这次会议发言被编撰成了一本名为《农业》的书，并以此为蓝本衍生出了各式各样的解读，生物动力法就这样来到了葡萄酒的世界。施泰纳的发言并非专门针对葡萄种植者，而是面向所有的农民和种植者。虽然在文中提到一些葡萄园的案例，但多数还是对果树和动物相关问题或疾病的总体思考。事实上，我知道施泰纳甚至不喝葡萄酒。生物动力法的支柱之一是使用天然制剂，让植物恢复生机并使土壤和植物更健康。

　　"这些天然制剂的原料会使用硅石那样的矿物质，马尾草、橡树皮或荨麻等植物，甚至还会用动物的粪便。混合制剂必须放置在牛角、羊头骨或其他特殊容器中并埋入地下一段时间；还有些则必须在鹿膀胱或类似容器中陈化，大家可能会觉得很震惊。取少量

制剂溶于水充分混合并通过以特定方式、特定时间的搅动来焕发活力。制剂的使用方式取决于不同种类，有的用于葡萄藤的叶子，有的用于土壤，也有的用来浸湿葡萄枝并进行喷洒。"

"我有许多欣赏的香槟酿造者，有些我很喜欢的酒庄也采取生物动力法。但是，我觉得我们不该再将自己和香槟去比较。我们的土壤与香槟地区不同，这里有独一无二的土壤，卡瓦总是试图去模仿香槟，而不是与之相区别，我觉得这是个错误。卡瓦不是香槟，我们是与众不同的，但我们一直不懂得发现

和解释不同之处在哪里。很少有人去寻找起泡酒中的咸味，但我相信这是关键。"

这就是佩佩·莱文多斯。我也是刚认识他不久，但我们几乎立马就惺惺相惜，这样的事时常发生，不仅仅是因为葡萄酒，还因为音乐。摇滚乐迷其实很常见，只是大家不说出来而已；但现在你和别人聊天，似乎每个人都是摇滚迷！佩佩曾提起："我记得我很爱铁娘子乐队（Iron Maiden）的一部作品——歌剧魅影（Phantom of the Opera）。"我立即在手机里找到这首歌并播放，他差点激动得从椅子上掉下来。足球和

政治会让人产生分歧，而葡萄酒和摇滚连结了我们。
葡萄酒和摇滚万岁！

　　叫佩佩·莱文多斯这个名字，注定了他要酿造葡
萄酒，而且注定是起泡酒，还必须是在阿诺亚河谷。

加泰罗尼亚美食

圣萨杜尼·德·阿诺亚小镇位于巴塞罗那省，这里不是港口，但距离地中海的直线距离不到 20 千米。除了莱里达省（Lérida）在内陆，以蜗牛和果园出名，加泰罗尼亚自治区的其他省份都有大片的沿海区域，海鲜是其美食的一大特色。菜园贡献了一道美味的烤什锦蔬菜（escalivada）；"esqueixada" 是由鳕鱼制成的冷盘沙拉；"calçots" 是典型的冬季菜肴，即烤大葱，搭配用辣椒干（ñoras）和杏仁制成的 romesco 酱；"Butifarra" 是一种可以随时食用的美味香肠；而最受欢迎的甜点是加泰罗尼亚焦糖奶冻（crema catalana），与法式焦糖布丁（crème brûlée）类似。加泰罗尼亚的美食丰富又多样。

还有许多标志性的菜肴，其中之一便是渔夫炖菜（suquet de peix），据说最初起源于塔拉戈纳。将美味的岩鱼和一些海鲜与马铃薯、番茄、洋葱炖在一起。炖菜里也可以放大虾，不过很多人觉得把布拉瓦海岸（Costa Brava）的红虾放进炖菜里简直是暴殄天物……

在一些地方，人们将所有海鲜都称为明虾（prawns）或虾（camarones）；而在西班牙，各个类型的虾都有不同的名称。例如，白虾和红虾几乎没有共同点，通常还会在名称中加上原产地（作为姓氏一样）；其他还有大明虾（langostinos）（也带有它的产地村镇名称）、红魔虾（carabineros）、小水晶虾（quisquillas）等。因为在一个拥有如此长海岸线的国家，海鲜是日常饮食和美味菜肴的重要组成部分。

红虾来自帕拉莫斯（Palamós）和莱斯卡拉（l'Escala），甚至塔拉戈纳的托雷登巴拉（Torredembarra）也有出产。佩佩的一位大厨朋友就来自托雷登巴拉，他告诉我说："船从不同的港口启航，但最终都去同一个地方捕虾，因此各个村庄最终捕捞的海鲜都非常相似。"当然，帕拉莫斯当地人可不会同意这个说法。雅弗郎克小镇（Llafranc）的一位朋友说，最好的海鲜产自雅弗郎克。这就像炖菜一样，所有人都觉得自己妈妈做的才是最好的。需要做一个对比品鉴，不过其实可能品质都差不多。

第十章
阿利坎特

Rafa Bernabé Viñedos
Culturales

博纳佩·纳瓦罗酒庄（Bodegas Bernabé Navarro）

拉法（Rafa）是个"安静的人"，他温柔又有思想，可能看起来有点严肃，好像也不太爱笑，但放松时他常常大笑不断。内心深处，拉法对大自然充满热情，同时也热衷于美食、高品质的原材料、配料、传统及出色的工作。他确实是一个安静温柔的人。拉法·博纳佩（Rafa Bernabé）在经营柑橘生意和埋头于繁琐的办公室工作多年后，最终决定和妻子奥尔加·纳瓦罗（Olga Navarro）一起开始葡萄酒事业。于是，他们买下了阿利坎特省比耶纳郊外的一处庄园——巴拉格尔庄园（Casa Balaguer）。那是在 1999 年，他们用自己的姓氏命名公司为博纳佩·纳瓦罗酒庄，同时这也启发了他们，夫妻俩将初次酿造的一款红葡萄酒命名为 Beryna（译者注：两人的姓氏各取前半部分，并加上了"y"，西班牙语"和"的意思），这也是酒庄最早且最成功的酒款。

他们逐渐开始对葡萄园和酒庄酿造采取最少的干预，同时选用更多的当地品种。拉法解释道："15 年前，我决定不在葡萄园中使用合成或化学产品，土壤中唯一的'添加剂'是天然肥料（每 4 年一次）。我们采用 100% 的有机生产方式。"红葡萄酒采用的主要品种是莫纳斯特雷尔和歌海娜（译者注：Giró，作者在本书中把它看作歌海娜在阿利坎特的变种，但也有研究表明，它并不是歌海娜），而白葡萄酒采用的主要品种是亚历山大麝香（Moscatel de Alejandría）和莫赛格拉（Merseguera）。所有葡萄酒都用葡萄园中的野生酵母发酵，装瓶时未经过滤或澄清，添加最小剂量的硫。

当地主要受地中海气候影响，特别是在沿海区域，但内陆部分会有些许大陆性气候影响。最近几年，严重的干旱使田间和酿酒工作变得更加复杂了。干燥型的气候是一回事，而仅 114 升的年降雨量（这是 2014 年在首府阿利坎特测得的数据）则是另一回事了。拉法无奈地说："在一些极端的年份，有些地区根本没有一点产出，葡萄新枝生长不到 20 厘米。年平均降雨量很低，而最近几年更是远低于平均水平。连续两年的严重干旱意味着一些葡萄藤最终都枯死了，特别是那些最年轻的葡萄藤。"

阿利坎特省有许多巨大的反差，不仅仅体现在气温上。避暑度假的人说起阿利坎特，立即就会想到诸如 Torrevieja、Benidorm、Calpe 或 Denia 之类的小镇，但很少有人会想到这其实是西班牙第二多山的省份。海滩和高山皆有的风景多样性影响了葡萄酒及其产区，使得阿利坎特原产地名称保护产区非常多样化，而其界定却是基于地理边界而非风土。实际上，阿利坎特产区是由完全不相连的地区组成的，除了属于同一省份外，没有其他共同点。内陆部分围绕着 Pinoso 村和比耶纳村，那儿是莫纳斯特雷尔的王国，当地的土壤、气候和葡萄酒倒是与其毗邻的耶克拉或胡米亚产区有更多的共同点（译者注：这两个产区并不属于阿利坎特省），而有别于同属阿利坎特的 La Marina Alta 地区，这片沿海的区域位于度假胜地 Calpe 和 Denia 之间，与巴伦西亚接壤，出产部分西班牙最好的麝香葡萄酒。

> "15 年前，我决定不在葡萄园中使用合成或化学产品，我们采用 100% 的有机生产方式。"

真是海里来的白葡萄酒

让事情更为复杂的是，拉法看上了拉马塔自然保护区（Parque Natural de la Mata）的葡萄园，该区域具有非常独特的风土。拉马塔位于阿利坎特省南部沿海地区，挨着 Torrevieja 度假区，离穆尔西亚很近。这些葡萄园的位置实在特别，就原产地名称保护产区法定界限而言，葡萄园既在也不在产区内。虽然拉玛塔自然保护区属于国家自然文化遗产，巴伦西亚农业委员会（Conselleria d'Agricultura de Valencia）拥有土地所有权，但现在又是由佃农在耕种，真是一片混乱！"这些葡萄园在全世界都是独一无二的，园中栽种着古老的麝香和莫赛格拉品种，还有些几乎要灭绝的品种，如 Tortosí、Forcallat 等，都种在沙滩上，距离拉马塔海水泻湖仅几米之遥。"拉法一边解释一边和我们漫步在当地的沙质土壤上，我的记者朋友维克多·德拉·塞尔纳（Víctor de la Serna）形容这片土地是"未嫁接的葡萄园，带有未开发和含盐的特征"。不用多说，这里的葡萄园都位于海平面高度。拉法耕种着这里 15 公顷的葡萄园（别处还有 75 公顷，分成 200 个地块），自 2015 年以来，他所有的白葡萄酒都出产自这片位于海边的葡萄园。

邻近的 Torrevieja 泻湖区基本就是盐滩和盐厂，而这里是保护完好的自然公园，还能看到不远处供游客借宿的公寓楼群；在这里，时间仿佛停滞了。只有这些小地块上的葡萄奇迹般地存活了下来，海风带来了水分，弥补了雨水的不足。有趣的是，这是整个欧洲最早采收的地区之一，有些年份甚至在 7 月底之前就采收了！拉马塔的葡萄一直被用来酿酒，特别是一款甜酒，大家都会留到圣诞节再喝；而 Torrevieja 的葡萄则作为餐桌鲜食葡萄出售，其较早的采收日期就意味着可以第一个上市，卖出好价钱。

拉法是个爱刨根问底、富有创造力的人，他从不停歇，总能冒出新的想法和风格，总会遇到一些葡萄酒、书籍或者朋友，并受到启发而尝试新的事物。结果是，酒庄的酒款数量猛增，有些纯粹是实验性的。甜酒、高酒精度的葡萄酒、带酒花的葡萄酒，拉法尝试了许多酿造方法，还会继续尝试。但在 2015 年，

西蒙的葡萄园

和西蒙·佩雷斯一起品酒

他决定还得明智一些，必须简化酒庄酒款组合，因为当时已经达到了 27 款之多，有一些酒款与众不同，每个年份都有变化（或发展）。

拉法的某些酒款虽然来自阿利坎特产区，但因不符合规定而无法标记为原产地名称保护（DO），只能标记为西班牙葡萄酒（Vino de España），过去这一级别叫做餐酒（Vino de Mesa）。标记阿利坎特产区并不能给一瓶葡萄酒带来更多声望，实际上有时候结果还是相悖的，但不能用家乡命名自己的葡萄酒总是让拉法这样的人感到痛苦，因为他们非常热爱自己的家乡并全心全意想为它多做贡献。

不知从何时起，他开始使用文化葡萄园（Viñedos Culturales）这个名字或者说品牌，开始只是指特定的葡萄酒，如今已覆盖他所有的产品，因为归根结底，葡萄园是一种文化，这个名字在他的大多数酒标上都有出现。他目前正在提升拉法·博纳佩文化葡萄园 Rafa Bernabé Viñedos Culturales 的品牌影响力，尽管公司叫博纳佩·纳瓦罗。拉法说："我在比耶纳北部也曾经有过一些有趣的葡萄园，比如 Casa de Usaldón，但现在我们的红葡萄酒都完全出产自巴拉格尔庄园，而白葡萄酒则都产自拉马塔葡萄园。"

"2015 年，我们推出了两款起泡酒，在这之前我们已经试验了好些年了，这两款酒使用在瓶中完成二次发酵的传统工艺，令葡萄酒有一些细微的气泡。我们酿造了一款 Acequión 白葡萄起泡酒和一款 Tipzzy 红葡萄起泡酒，显然前者产自拉马塔自然保护区葡萄园，而后者产自巴拉格尔庄园。"

2003 年，拉法在拉马塔葡萄园酿造过一款甜酒，但之后就没有再酿造过什么，直到 El Carro 2010 的正式推出，以及 Acequión 起泡酒，后者得名于连接泻湖和大海的大型灌溉运河（译者注：在西班牙语中"Acequia"是水渠的意思，而结尾的"on"常被用来代表"大"）。如今他仍在生产 El Carro，这是一款使用亚历山大麝香葡萄酿造的干白葡萄酒；另一款酒 Benimaquía Tinajas 是将麝香葡萄和莫赛格拉葡萄混合在陶罐（tinajas）中，经过 6 个月的带皮和梗发酵并陈年。你还能找到少量现在已经停产了的之前年份的 Tinajas de La Mata，或也叫 La Viña de Simón，它们是为了献给与拉法有合作的葡萄农之一的西蒙·佩雷斯（Simón Pérez）而酿造的，西蒙在村里有一家葡萄酒商店售卖他的酒，还维护着一处古老的乡村酒窖。如果幸运的话，你还可以尝到产量仅 2 000 瓶的 Flor de La Mata，这款酒与 El Carro 的基酒相同，但其非常独特，它在陶罐中陈年的时候，像赫雷斯

的雪利酒或汝拉的黄酒一样，产生了一层"酒花"（译者注：即酵母）。好吧，虽然为了简化酒款起见必须放弃一些独特性，但是酒花酒真不该消失……

巴拉格尔庄园位于比耶纳高原，海拔为 700 ～ 750 米，包括 40 公顷 20 ～ 70 年藤龄的葡萄园，葡萄种植在不同土壤（主要为石灰质黏土、石块和沙子）和朝向的地块上。出产白葡萄酒的拉马塔葡萄园和出产红葡萄酒的比耶纳巴拉格尔庄园相距 100 千米，因此拉法是真正的"车轮上的酿酒师"（译者注：因为他总是开车在两处葡萄园之间往返）。

Beryna 是产量最高的酒款，占据了酒庄 6 万瓶总产量中的 4 万瓶。拉法说这是他们最重要的葡萄酒。这是一款混酿红葡萄酒，80% 莫纳斯特雷尔加上 20% 的 Giró（产自阿利坎特地区的歌海娜），最初的时候还混有赤霞珠。拉法逐渐调整了橡木桶对葡萄酒的影响，在近几个年份中表现得更为明显。他喜欢将这款酒定义为"来自西班牙东南部的经典葡萄酒，很好地表达出了葡萄品种特性和葡萄园中的不同土壤类型，并且具有良好的酸度"。

法国品种在 20 世纪 90 年代末曾经被认为是未来的趋势，但由于对本土品种兴趣的与日俱增已经被放弃。Giró 的情况很有趣：有很多歌海娜，但是 Giró 却不多（译者注：作者在本书中认为 Giró 是阿利坎特地区歌海娜的变种，因此想要强调的是在不同的

地区，即使是相同的葡萄品种也会有差别）。歌海娜在阿利坎特地区已经存在很久了，一直在改变其特性以适应当地的气候，特别是干旱。在干燥条件下，"它的果皮更厚、花青素含量更少、更为优雅、单宁感十足。每个地区、每种风景都会在歌海娜这个葡萄品种上留下印记，比其他任何一个品种都明显。从各方面来看，这都是一个非常女性化的品种。"

在拉法的红葡萄酒中，经典系列由 Beryna 和 Casa Balaguer 这两款酒组成，后者与葡萄园同名，混酿了不同的品种。Curro 这款酒最初被称为 Beryna Selección，由莫纳斯特雷尔品种单酿，现在已经停产了。随着时间的变化，试验性葡萄酒的种类变化最大。

红葡萄酒系列包括非常易饮的 Monastrell Tragolargo、芳香四溢的 Garnacha Peligres 和活泼明亮的 La Amistad（用濒临灭绝的 Rojal 葡萄酿造），以及两款莫纳斯特雷尔和福卡亚特·德阿尔科（Forcayat del Arco，另一个一度几乎灭绝后被救回的品种）的单酿。这两款单酿以葡萄生长的土壤来命名——Ramblis，是当地一种富含鹅卵石和石块的石灰岩土壤。和白葡萄酒一样，有时候也能偶尔碰到那些现在已停产的红葡萄酒酒款。

我不能保证今天的这些酒款就不会变了，非常有可能还会变化，因为像拉法这样的人总也停不下来。

虽然为了简化酒款起见必须放弃一些独特性，
但是酒花酒真不该消失……

大型水渠（Acequión）

Acequión 葡萄酒

酒花层

难以忘却的格鲁吉亚

拉法到访过许多产区，也参加了很多酒展，比如伦敦的 Real Wine Fair，这让他结识了来自世界各地的酿酒师，其中很多人思维活跃，勇于尝试各种各样另类的想法。

2013 年 6 月，拉法造访了东欧国家格鲁吉亚，这次旅程对他而言是个重要的转折点，他遇见了一些当地的酿酒师，还见到了仍在使用的传统酿酒工艺。这些见闻让拉法灵感迸发，如今他仍在实践当时的灵感，特别是用陶罐酿造这一点，并且他仍与格鲁吉亚的酿酒师们保持着联系。

我觉得拉法还与南美的业内人士交换了很多想法。西班牙的酿酒行业似乎忘记了南美也出产葡萄酒，但我们与南美有着许多文化上的联系，从同一种语言开始，这也让交流变得更加容易；更别说从 2010 年起，阿根廷和智利的葡萄酒行业就成了最有趣的舞台。

回到格鲁吉亚和陶罐的话题。经过大量研究和试验后，拉法还是最喜欢用 Villarobledo 村的手艺人胡安·帕迪亚（Juan Padilla）制作的陶罐（虽然现在国际上流行称其为 Ánfora，但其实就是当地用了一辈子的 tinajas）。Villarobledo 村位于阿尔巴塞特，距离拉法在比耶纳的酒庄不到 200 千米。陶罐是拉法葡萄酒的基础组成部分，为了向这位工匠致敬，他甚至专门酿造了一款名为 Cuvée Padilla 的酒，只推出 1.5 升的大瓶装（Magnum），将最老藤龄的莫纳斯特雷尔葡萄和 Villarobledo 村出产的陶罐中的陈年结合在一起。这些老藤莫纳斯特雷尔来自一处具有 70 年历史的葡萄园，地质风土属于有机物含量低的花岗岩。葡萄酒采取传统工艺酿造，将整串葡萄在陶罐中带梗发酵，然后在立式螺杆压机中压榨，并在陶罐中保留葡萄皮和葡萄梗 6 个月，而苹果酸乳酸发酵也同时进行。

随着时间的推移，拉法开始酿造 fondillón（译者注：一种只在阿利坎特出产的未经加烈的陈酒）。这是一种独特的传统阿利坎特酿造风格，虽然酒精度高，但未经加烈，即不另外添加酒精，采用在葡萄藤上晚收过熟的莫纳斯特雷尔葡萄酿造，并在旧的大桶里遵循索雷拉系统（译者注：雪利酒著名的陈年系统），混合不同年份的葡萄酒长时间陈年，通常历经数十年。如今，要使用 fondillón 这个名称必须满足一系列要求，但实际上大家也不清楚它最初的样子：究竟是甜型的还是干型的？对其酒精度也是众说纷纭。如果在从前的文章中有提及"阿利坎特酒"（Alicante），其实就是指 fondillón。曾几何时，阿利坎特酒就等同于 fondillón，反之亦然；而之后这种酒几乎消失了。拉法在陶罐里存了一些这样的酒，快 10 年了，在酒庄的其他地方也还有一些存货。

虽然拉法看上去总是停不下来，但他也是一个安静、执着、诚实的人，并且热爱大自然。他的酒款涵盖了非常多样的风格，尽管对葡萄酒痴迷不已，但他也无法离开柑橘的世界。他其实也并没有特别努力地要离开，因为柑橘早已融入他的血液中。

"柑橘水果的世界很复杂，就像所有事物一样。"拉法一边解释一边带我们穿过了他的橙子林，这片林子位于 San Miguel de Salinas 镇郊外，靠近 Torrevieja 的 Laguna Salada 盐湖。"有些家庭拥有橙子林也懒得去采摘，因为橙汁厂出的收购价格太低了，不值得为此忙活。优质柑橘则是另一回事了，有些人想要优质水果并愿意为其支付相应的价格。我在开始探究葡萄酒之前是位柑橘果农，我对水果品质的执着由此而来，因为只有最高品质的果实才能酿造出真正表达其风土的葡萄酒。"

你可以很清楚地分辨出工业化生产的橙子和从树上新鲜摘下的橙子，前者经过冷藏并涂了石蜡，而石蜡会渗透进果皮而影响风味。"看上去沉闷、无光泽的橙子是最好的选择，要是还带有一小撮绿叶就更棒了，因为带叶子的橙子很有可能就是未经加工的天然橙子。"

作为一位出色的柑橘果农，拉法对酸味很着迷，不仅是对葡萄酒中的酸度，他也是使用柠檬的坚定倡导者，包括在沙拉中用柠檬调味。拉法说："柠檬有很棒的净化效果，每天早晨我都会喝柠檬汁。"他对食物的热情也体现在木梨果冻中（dulce de membrillo）。"我们在食用前先要将其陈化一年，经过这些时间，果冻风味会变得非常集中，并且增添了细腻感和复杂度。"如果时间允许，拉法还会用陶制阿拉伯式烤炉做面包，他还有一个菜园，并尽量使用最好的天然有机食材。

"我在开始探究葡萄酒之前是位柑橘果农，
我对水果品质的执着由此而来，
因为只有最高品质的果实
才能酿造出真正表达其风土的葡萄酒。"

阿利坎特美食

如同大多数地中海沿岸地区一样，米饭在阿利坎特美食中也无处不在，为了不过多重复，我们要求拉法推荐一个当地特色的非大米菜肴。他说："从小我就记得一道有趣的菜，总让我回忆起童年。尽管很复杂，我母亲仍然时不时会做这道菜——肉丸配炖杂碎（Pelotas con Mondongo）。这不仅仅只是一道菜，而是完整的一餐：得分两个部分上菜，先是巨大的肉丸，再是带着浓厚汤汁的牛肚、鹰嘴豆、辣香肠的混合炖菜。"在我们参观葡萄园的时候，拉法请他的母亲，一位小个子而眼睛炯炯有神的女士，为我们做这道菜。

在葡萄园中漫步并享用开胃菜；在水渠前畅饮Acequión（译者注：前文提到过Acequión这款酒的名字来自葡萄园里的水渠）。高酸的白葡萄酒和起泡酒非常适合搭配腌制的肉类和鱼干，还有炸杏仁，以及直接从豆荚中剥出来的生豆子，那股生涩和苦味可能不会立刻被感知，但越嚼越香、回味无穷。我写着写着，口水就要留下来了……午后，我们还去参观了做鱼干的工坊。

"Mondongo"或"Callo"指的是动物的内脏部分，这些杂碎最初是穷人的食物无人问津，但随着时间的推移，已经成为高端料理的一部分，在世界各地顶级餐厅的菜单中出现。尽管如此，它们依然是乡村菜，和当地有很深厚的文化连接。大肉丸是用切碎的肉和面包制成的，放在用羊肚做的肠衣中煮熟。肉丸炖杂碎是一道敦实的炖菜，有肉丸还有小羊蹄，适合冬季而非夏季食用，而幸运的是，当时正值12月！

拉法说："我出生在塞古拉河（Segura）下游平原小城Bigastro，河流尽头距离奥里乌埃拉市仅5千米，大肉丸是那个地区的特色菜。"弗朗西斯科·G·赛霍·阿隆索（Francisco G. Seijo Alonso）在其1974年出版的经典著作《阿利坎特省美食》一书中也提及奥里乌埃拉是这道菜的起源，这本书被很多人认为是最好的介绍阿利坎特美食的书。

将大家都熟知的著名菜肴的食谱复述一遍没有多大意义，但这道肉丸配炖杂碎我觉得值得一写，因为可能在任何烹饪书中都找不到这个食谱，至少是最近出版的。

肉丸

食材：

1个0.5千克的圆形面包，1千克肉糜（火鸡胸、瘦猪肉、牛里脊肉、火鸡胗、火鸡心、肥猪肉），2个鸡蛋，欧芹，松子，芳香草本（肉豆蔻、胡椒、肉桂等），1瓣大蒜。

做法：掰开面包，取整个面包的中心部分和一半面包皮，然后稍加湿润。加入捣碎的肉糜、松子、欧芹、草本和大蒜，充分拌匀。加盐调味，再加入2个打散的鸡蛋。将所有食材充分混合后静置几个小时。最后将肉末搓成小球并静置。

炖杂碎

食材：

肉丸（请参阅上一份食谱），两副杂碎（4个肚子和8个蹄子），鹰嘴豆，4～5个小土豆，一根优质辣香肠，薄荷叶，盐，藏红花，水。

做法：充分清洗所有的杂碎，放入加了鲜榨柠檬汁的水浸泡整晚，第二天再洗一遍。留下2个肚子，其余切成块状。高压锅装满水煮熟内脏，撇去浮沫后加入鹰嘴豆（也需要前一天晚上开始浸泡），再煮1小时左右。将小土豆投入锅中，加入切成圆片的辣香肠，最后加入肉丸。摊开放在旁边的2个肚子，在肚子上放3个煮熟的肉丸，然后缝合成"袋子"。用叉子将"袋子"刺破放入锅中。整锅菜再炖煮1小时，加入切碎的薄荷叶，开盖再煮一会儿，加盐调味，放入藏红花。上菜的时候先上肉丸，再上牛肚、蹄子、鹰嘴豆和土豆。

拉法说："美食对我而言非常重要，这是文化的组成部分。每一个年份我都努力酿造出新鲜、优雅的葡萄酒，既能展现地中海特色，又适合搭配餐桌上的食物。"葡萄酒专家们越来越多地将葡萄酒视为美食的组成部分，无法想象光喝葡萄酒而不搭配食物，反之亦然。

在这一天结束之前，我们还有了另一个发现。我们通常将腌制的肉类、鱼干和鱼子等与安达卢西亚地区联系在一起，因为这些食材与雪利酒很配，两者口感都很强劲，但实际上腌制食物更多是在阿利坎特和穆尔西亚附近生产和消费的，如盐腌金枪鱼干或鲣鱼干，腌制的红鲻鱼卵和沙丁鱼。将它们切成薄片，淋上橄榄油，再搭配炸杏仁，就是绝对的美味。我们参观了一家生产这些腌制食品的风干工厂，除了那些常见的腌制品，我们还见到了整条的小型灰鲭鲨，它们的皮肤类似角鲨，顺着摸感觉很光滑，而换个方向摸就像粗糙的砂纸。我们并没有买，因为是整件起卖，而买一整条鲨鱼太夸张了。一切都要适度，包括适度本身！

一切都要适度，包括适度本身！

第十一章
比埃尔索

Descendientes de
J. Palacios

里卡多（Ricardo）

里卡多出生于下里奥哈（Rioja Baja）阿尔法罗镇（Alfaro）的酿酒世家帕拉西奥斯·雷蒙多家族（Palacicos Remondo）[译者注：下里奥哈现更名为东里奥哈（Rioja Oriental），是里奥哈优质原产地名称保护产区（DOCa Rioja）的三个子产区之一]。他的母亲切洛（Chelo）在九个孩子中排行老三，如今仍在里奥哈的家族酒庄工作（译者注：切洛不幸于2021年去世），也是继续从事葡萄酒相关工作的四个兄弟姐妹之一。他的舅舅们有普里奥拉托、瓦尔德奥拉斯（Valdeorras）产区的先锋人物阿尔瓦罗（Álvaro）和拉法埃尔（Rafael），以及第一批获得法国国家酿酒学文凭的西班牙人之一安东尼奥（Antonio）。安东尼奥碰巧和雷内·巴比埃尔（René Barbier）一起学习，之后雷内在安东尼奥位于里奥哈的酒庄工作，后来还与安东尼奥的弟弟阿尔瓦罗一起复兴了普里奥拉托。

里卡多是和他的舅舅阿尔瓦罗一起在莱昂（译者注：后文提到的比埃尔索产区从行政划分上属于卡斯蒂利亚－莱昂自治区）的土地上扎根的，此前他在法国学习，并在法国、美国和智利的酒庄积累了经验。他学习时的伙伴更多来自卢瓦尔河地区，这个地区对他的启发超过了波尔多，也是在那里他接触了生物动力法。他在勃艮第发现了一种葡萄酒哲学，并将这个想法付之于比埃尔索葡萄酒的酿造中：他们设立了一个等级体系，从地区级、村级到具体的单一园或单一地块。目前，他们的项目——帕拉西奥斯家族后裔酒庄（Descendientes de J. Palacios）提供的酒款就是以这个等级体系来划分的。

J. Palacios就是他们的先辈何塞·帕拉西奥斯·雷蒙多（José Palacios Remondo），他于1945年在里奥哈创立了帕拉西奥斯·雷蒙多酒庄。他是阿尔瓦罗的父亲和里卡多的外祖父，于2000年逝世。当时，两人刚在比埃尔索开始这个新的项目，并选择用他的名字来命名以表敬意。"我还留着外祖父的贝雷帽，"里卡多边说边调整着黑色的帽子，"这是美好的回忆，

它帮助我记住我是从哪里来的。"

阿尔瓦罗·帕拉西奥斯（Álvaro Palacios）在20世纪80年代跑遍西班牙销售橡木桶的时候，就对比埃尔索有所关注。实际上，当时他在比埃尔索和普里奥拉托之间犹豫，最终选择了后者，因为他的导师和朋友雷内·巴比埃尔的坚持，以及塔拉戈纳荒野的原始魅力几乎令人无法抗拒。但与普里奥拉托有些许平行关系的比埃尔索始终蛰伏在其脑海里。十年后，普里奥拉托的项目已经成熟，而里卡多到访比埃尔索的时候兴奋不已，也再次激发了阿尔瓦罗潜意识里的想法。

他们试图慢慢来，不引起太多的关注，在他们定居的小镇科鲁雍（Corullón）陡峭的山坡上一点点购买小块的老藤葡萄园，因为他们看到这里拥有和山谷深处截然不同的潜力和个性。山谷中地势较为平坦，较深的黏土土壤占主导地位，而蓬费拉达（Ponferrada）附近山上的村庄，如科鲁雍、德拉贡特（Dragonte）、埃斯帕尼约（Espanillo）和洛斯巴留斯（Los Barrios），葡萄园位于陡峭的斜坡上，土壤较浅，基岩是与山谷下面不同的板岩，这赋予了葡萄酒截然不同的特征。

里卡多告诉我："起初获得葡萄园没那么容易，而现在我忙不过来了。人们对土地非常执着，不想与其分离。这里的人不太轻易相信别人，因此当初我们很难得到葡萄园。但过了一段时间，人们看到我们的工作方式，了解了我们的理念，以及对环境和农业的尊重，他们便在无法继续耕种时来找我们，把土地提供给我们。"目前，他们拥有近45公顷的土地，分布在无数朝向和海拔高度各不相同的小地块上，但全部都位于科鲁雍镇。

也许当初人们是因为高处的葡萄园和山谷底部的葡萄园之间的差异才会质疑他们的想法，山谷底部的葡萄园最为人所知并容易劳作，而陡峭山坡上的高海拔葡萄园则存在更多的困难，很少有人了解并为之冒险。

比埃尔索的心，里奥哈的血液

里卡多是我认识的唯一一个住在生物动力农场的人，当然是在科鲁雍镇，距离他的某个葡萄园只有一步之遥。他这么做纯粹出于信念，而非为了形象或市场营销，不幸的是后者出乎意料地普遍。他23岁的时候来到比埃尔索，已经在那里住了逾17年。因此，尽管他仍然是阿尔法罗镇的里奥哈人，但他呼吸和吃喝的都来自比埃尔索，以至于血管里流淌着相当多比埃尔索的血液。

生物动力法来源已久，从最初的1999年采收季开始，他们就在葡萄园中实施生物动力法。2001年我第一次造访他们时，是和一群来自斗罗的葡萄牙酿酒师一起。当时，生物动力法具有开创性：它是一种由星辰引导，遵循有机原则，同时对环境和葡萄园生物非常尊重的栽培哲学，世界上只有少部分先进的葡萄种植农遵循这个理念。在那时，成为生物动力葡萄栽培的先驱是一件很特别的事情。然而，尽管我们花了将近一整天的时间在葡萄园中漫步、欣赏风景并分享葡萄酒，里卡多一次也没有提到过这事。当我们单独相处时，我问他："你为什么没向他们提起任何有关生物动力法的事？"他回答说："他们什么也没问我啊。"其他人都会利用这个机会炫耀自己在做什么，而里卡多却不会。他按照原则行事，并始终知行合一。他还将Coulée de Serrant的尼古拉·乔利（Nicolás Joly）撰写的有关生物动力法的书翻译成西班牙语并编辑出版（尼古拉斯是世界级的生物动力大师之一）。

在他位于科鲁雍镇的家里有一个坎多学校农场（Granja Escuela Cando），在那里会开展一些与乡村有关的活动并举办课程和工作坊，如来自西班牙各地甚至葡萄牙的葡萄种植者参加的栽培研讨会、畜力牵引和生物动力法的经验推广，制作面包、奶酪的活动，关于陶瓷、野生植物的课程，以及如何在家中酿造葡萄酒等内容。里卡多从一开始就和用于劳作的动物生活在一起。他正在考虑要自己养山羊，目前他做奶酪用的奶还是买来的。他会制作面包，区分葡萄园酿造不同的烧酒（译者注：Orujo，一种用葡萄渣蒸馏获得的烈酒），在园子里种菜，制作并出售果汁，屠宰自己养的猪并制成猪骨肠和熏肠。总之，他始终如一地以自给自足的理念生活在可持续的生态系统中。哇！这就是他的生活方式！除此之外，他还酿造了该地区甚至全西班牙最顶尖的一些葡萄酒，因此我们才会在这里介绍他。

他们的第一批葡萄酒是在劳尔·佩雷斯拥有的家族酿酒厂Castro Ventosa中生产的，劳尔向他们伸出了友谊之手，让他们得以在该地区开始立足。随后，他们在比亚弗兰卡·德·比埃尔索（Villafranca del Bierzo）租了一家石制小酒庄并持续经营。酒庄不大，设施精简，但是产量增长很快，特别是入门级的Pétalos del Bierzo。在如此小的地方工作非常困难，迫使他们不得不使用其他仓库和场所，令物流变得极其复杂。我总是惊讶于他们能够在这么小的地方生产如此大量的葡萄酒。他们从没想过要生产超过10万瓶的葡萄酒，但从1999年少量的2万瓶开始，到2000年的4万瓶、2001年的6万瓶，现在产量已经快到35万瓶了。值得一提的是，除了数量的增长，葡萄酒的质量也一直在增长，而通常情况下这是难以做到的。

因此，他们最终决定在葡萄园脚下的乔多彭多（Chao do Pondo）地区建造一个酒庄，这个地区位于Las Lamas和Moncerbal这两个产出了他们部分最好的葡萄酒的地块之间。他们希望能在2017年采摘季之前结束这项庞大的工作。他们决定聘请著名建筑师拉法埃尔·莫内欧（Rafael Moneo）负责设计，他在西班牙和世界其他地方建造了一些非凡的建筑，还对葡萄酒具有真正的热情，甚至在巴利亚多利德省的奥尔梅多（Olmedo）拥有自己的酒庄。他正在科鲁雍建造的酒庄看起来就很棒。当我们在参观一座70%插入山坡的建筑时，里卡多对我说："阿尔瓦罗

Moncerbal 葡萄园

已经厌倦了他所有的酒庄最后都不够大，因此他不希望在这里发生同样的事情。"这个建筑和景观融为一体，可完全依靠重力在 4 个不同的水平位置上工作，具有天然的温度和湿度，以及独立的空间分别酿造和陈年大批量的葡萄酒和小地块上出产的葡萄酒。他们将有足够的空间轻松自在地工作，而这总是会在葡萄酒的质量中得以呈现。最终质量来源于不同细节的总和，而所有的一切都会做出贡献。

阿尔瓦罗·帕拉西奥斯在多年前就对此下过定义，他对我说："这是介于勃艮第和罗讷河之间的一种风格。"这些葡萄酒具有勃艮第美酒的细微变化和优雅，以及北罗讷河西拉葡萄酒的一点儿狂野风味。虽然这样的风格现在已广为接受，但在他们刚到达比埃尔索的时候，许多人觉得他们疯了。当时大家认为门西亚葡萄是次要品种，不能酿造出伟大的酒，只用来酿造短期内饮用的年轻红葡萄酒和桃红葡萄酒。而他们则另辟蹊径，用其本身的特性来诠释葡萄品种，成为这方面的先驱。在那个时候，

杜埃罗河岸取得了巨大的成功，在西班牙的许多地方，大家都尝试用其他葡萄品种在不同土壤和气候条件下，使用同一种方法来酿造一款类似杜埃罗河岸的葡萄酒。

当时的比埃尔索也未能幸免。实际上，该地区出现了以"比埃尔索河岸（Ribera del Bierzo）"命名的一些模仿杜埃罗酿造方式的葡萄酒，这些酒过度成熟、重度萃取且滥用新橡木桶。难怪门西亚被认为是无法酿造好酒的！这个葡萄品种具有一定的脆弱性，酸度本身就不是很高，如果过度成熟，酒精度会飙高，同时酸度会被完全牺牲。如果再将这些葡萄过度浸皮和萃取，并经年累月放在新橡木桶中作为"惩罚"，那结果将是灾难性的。不过，他们成功地跳出思维定式而去理解和诠释这些葡萄园和葡萄，并通过温和的酿造、陈年方式，创造出世界闻名的葡萄酒，这在当地是前所未有的。

里卡多属于新一代的葡萄种植者，他们的生活围绕着葡萄园而展开。他们致力于寻找一种方法来诠释

里卡多和阿尔瓦罗·帕拉西奥斯

那些本地葡萄品种，这些品种因为无法效仿波尔多、杜埃罗河岸、里奥哈或其他地方的成功经验而声誉不佳。他们找到了一种通过这些葡萄来表达该地区风土的方法。现在很明显，差异性和个性是加分项，但在20世纪90年代末，情况就大为不同了。我们曾经生活在标准化和同质化的时代，"100%的丹魄放在100%的新François Frères橡木桶中陈年"，就只有这个配方，还经常被过度使用。这是西班牙葡萄栽培和酿酒行业的黑暗时期，所有的葡萄酒看起来都是以"毫无节制"为出发点，当然几乎在所有地方都以自己的方式发生过类似的情况。

然而，就像十年前歌海娜在普里奥拉托的经历一样（佳丽酿需要更长的时间才能消除其不良形象），阿尔瓦罗·帕拉西奥斯这次和里卡多一起，不仅重新发现并赋予了门西亚这种葡萄价值，更将比埃尔索地区从一个注定继续生产普通酒和散装酒并按酒精度高低区分价值的产区，变成酿造伟大酒款的产区之一。同样，就像1989年对于普里奥拉托的意义一样，比埃尔索葡萄酒的现代历史可以追溯到1999年，那年第一批帕拉西奥斯家族后裔酒庄的酒面市，门西亚开始复活。

科鲁雍

　　实际上，大多数用老藤葡萄酿造的酒款都是不同品种的混酿，因为在葡萄园中就是混种的。尽管我们说它是门西亚，但总存在或多或少其他品种的葡萄。在过去，品种的混合是在田野中而非酒庄里完成的，因此葡萄酒里总有一些其他品种，如廷托雷拉歌海娜，也被称为阿利坎特－布榭；帕尼卡尔内（Panycarne），一种红葡萄，人们争论它是否可能与汝拉的特鲁索（Trousseau）有关；黑格兰（Gran Negro），另一种葡萄肉也有颜色的品种；内格雷达或费罗尔（Ferrol）；甚至还有一些白葡萄品种，如帕罗米诺，在当地被称为赫雷斯；巴伦西亚娜（Valenciana）和格德约；还有切尔瓦（Chelva）；一些恰塞拉斯（Chaselas）；被称为阿尔萨西亚（Alsacia）的灰色品种；玛尔维萨和其他一些不明品种。

　　里卡多担起了更大的责任：除了致力于葡萄酒的生产及通过课程和活动促进乡村发展，他还着手修改法规。为此，他加入了原产地名称保护管理委员会，与一群意识到变革需求的人共同工作，该产区的生产商授权他们在未来的四年内代表自己。

　　因此，他们从内部已经开始调整允许的最大产量，在法规中准入已经在农业部注册过的本土葡萄品种，并为尚未注册的葡萄品种申请注册，以便将来可以被纳入法规。他们开始对产区进行分区，从城镇开始，慢慢推进到葡萄园，也许还有能够生产出该地区最好葡萄酒的特定地块。大家知道我目前所知的在西班牙唯一一个朝同一目标工作的原产地名称保护产区是哪一个吗？就是普里奥拉托，不难发现之间的关联……

La Faraona 葡萄园

杯中的风景

比埃尔索一直是矿区和过境区域，它是圣地亚哥之路（Camino de Santiago）的重要组成部分，因此拥有众多修道院和教堂［译者注：圣地亚哥之路是欧洲著名的朝圣路线，终点位于西班牙西北部加利西亚自治区的首府圣地亚哥 – 德孔波斯特拉（Santiago de Compostela），最传统的路线在到达终点之前会经过比埃尔索］。像比埃尔索这样的小镇在古代应该非常重要，尽管如今它只有3 000多个居民，但依然遍布着带有家族纹章装饰的石房子，至少有4座修道院，同样多的教堂，一座大修道院，几座宫殿和一座令人惊叹的16世纪城堡。

而科鲁雍镇只有不到1 000个居民，其核心部分的海拔为522米，尽管在比亚里茨（Viariz）地区葡萄园的高度可以达到海拔1 100米。里卡多的想法一直是保留小的老藤地块，因为在这个小农户特别多的作物混种地区，葡萄园非常分散，在那里保留了自然的财富和生态系统的平衡，在葡萄园间散落着被保存下来的当地植被。从一开始这个想法就非常明确："我们希望葡萄酒清新、芬芳、活力十足，并带有来源地的印记，它是一种大西洋风格的葡萄酒。"

他们只采用来自陡峭山坡上50～100年历史的老藤，有些山坡的倾斜度高达60%，即使有骡子也无法犁地。在这种情况下，机械化是绝对不可能的，工作缓慢且费力；在这些山坡上行走（特别是在地面潮湿的情况下）都需要花费很大的力气，他们从一开始就不得不再次依靠骡子和马进行耕作。

他们从未使用过化学肥料，而仅使用自己发酵的有机堆肥。在酒庄里则遵循月亮历，让整个过程保持尽可能自然。他们只酿造红葡萄酒，对他们而言工序简单、传统且相似：从不使用商业筛选酵母，部分带梗，在木槽和用于大产量酒款的开放式不锈钢容器中进行发酵，压帽并根据不同的酒款在精挑细选的橡木桶中进行陈年，然后不经过滤或澄清直接装瓶。处于金字塔底部的 Pétalos del Bierzo 是一款地区级的葡萄酒，约占总产量的 90%。它使用来自不同地块的葡萄混酿，其中大约一半来自科鲁雍镇，其余的则是从瓦尔图耶（Valtuille）、奥特洛（Otero）或皮耶罗斯（Pieros）等小镇山丘顶部的不同葡萄园中挑选的，这些葡萄园的朝向和海拔各不相同，高度为 450 米到近 1 100 米。

他们几年来都没有推出新的酒款，因为他们的兴趣并不在于新的产品，而在于系统性地进行改良，增加对葡萄园的了解，年复一年不断提高葡萄酒的品质。这就是为什么我们有时会忽略它们：我已经喝过了，我已经了解它们了，还有什么新的东西吗？然而，每年都是一个新的年份，每次采收都代表一个完整的周期，以装瓶达到顶峰。缓慢、从容、一点点地推进，不慌不忙。如他们所说，这是一条非常明确的路线，只需要不疾不徐地前行。

按照勃艮第的称谓，被称为村级酒的显然来自科鲁雍镇，酒款也因此得名（译者注：酒款名为 Villa de Corullón）。这款酒的葡萄来自村镇范围内不同朝向、海拔和藤龄的不同地块，其共同点在于都是种植在板岩土壤斜坡上的老藤，根据传统的有机和生物动力法，采用高杯式的栽培方法。

单一园的葡萄酒都来自科鲁雍镇，以 Moncerbal 和 Las Lamas 命名，尽管几年前还装瓶过另一款酒 San Martín。它们遵循村级葡萄酒的所有原则，但每个葡萄园各不相同，主要是在朝向和土壤深度、组成方面有区别。因此，尽管两者都是前寒武纪时期的板岩土壤，面朝西南方向的 Las Lamas 气温略高，但土层很浅，铁含量很高，且葡萄藤年龄略微老一些，是他们 7 个种植超过 100 年的地块之一。Moncerbal 稍微凉爽一些，面朝南偏西南方向，海拔略高，土壤中除了板岩外，还有砂岩、黏土和大理石，富含石英岩和硅酸盐，赋予葡萄酒很多矿物质的特征。

但正如里卡多向我透露的那样："门西亚葡萄对采摘的日期非常敏感，哪怕早了一天都会带有草本和植物的味道；而仅仅迟了一天，则可能意味着过度成熟而酸度下降。"因此，葡萄酒的特性在某种程度上取决于年份，不过 Moncerbal 总体趋于紧缩，而 Las Lamas 则更为丰茂。

令人惊讶的是，由于植被截然不同，很容易辨别斜坡的方向。从气候上来说，比埃尔索属于大陆性气候，但深受大西洋的影响，而夏天（7—8 月）则常有地中海气候的特征，日夜温差很大。和其他方面类似，这里在气候上也是一个过渡地带：寒冷的大西洋气候与炎热的地中海气候在这里交汇。植被和农作物与这两种气候相对应：除了葡萄也有辣椒、苹果、梨、樱桃和板栗。在更加温暖的山坡上（主要是朝南的）以地中海植被为主：除了葡萄也有岩蔷薇、迷迭香、百里香、薰衣草和橄榄树。现在，如果看向对面的斜坡，几乎不存在上述植被，取而代之的是蕨类、山毛榉、橡树或栗树。

唯一一款单一地块的葡萄酒，也就是他们的"特级园"，是来自 El Ferro 地块的 La Faraona，一个大约 70 年前种植在海拔 800～860 米山坡上的葡萄园。当中有一个构造断层将其分开，数百万年前的火山喷发产生了大量的火山矿物质，留下了板岩和火山岩的混合物。阿尔瓦罗告诉我："记得在阿尔法罗（译者注：阿尔瓦罗的故乡），葡萄酒商人来的时候会按照质量由低到高的顺序让人品尝酒款，将最好的留到最后。轮到这些特殊的葡萄酒时，他们总是说'准备好，现在女法老（La Faraona）来了'，那是他们为自己最特别的葡萄酒保留的绰号。因此，我决定将我们在比埃尔索最特别的地块命名为 La Faraona。"

里卡多告诉我："La Faraona 虽然是我的葡萄园，但实际上最先坚持要购买这个地块葡萄的人是阿尔瓦罗，那时我们将葡萄和园子一起买了下来，价格非常优惠！这是他的直觉：一到比埃尔索，从 Manzanal 往下走的时候，就可以看到板岩间闪烁着迷人的光芒……但这个葡萄园是由我亲自劳作的：我为它剪枝，溺爱它，花了大量时间在葡萄园里。用它的葡萄可以酿造出独一无二的葡萄酒，瓶中变化最大，令人意乱神迷。"不幸的是，它的产量很少，只有为数不多的人可以享用。

修剪 *La Faraona* 葡萄园

"我们希望葡萄酒清新、
芬芳、活力十足，
并带有来源地的印记。"

如他们所说，
这是一条非常明确的路线，
只需要不疾不徐地前行。

比埃尔索美食

　　比埃尔索拥有同时受到大西洋和地中海影响的大陆性气候，其寒冷而多雨的冬季需要丰盛的美食。如果说有两个能定义比埃尔索美食的东西，对我来说就是猪骨肠（Botillo）和牛肉火腿（Cecina）。"以前的猪骨肠是用切剩下没有其他用途的边角料制作的，这是一种乡下穷人吃的菜肴。如今情况恰恰相反，猪骨肠成了特殊日子里的美食，在聚会上与朋友们分享，几乎所有人都会用最好的肉来制作。"里卡多一边说一边将一大块他自己屠宰的肉和他自己菜园子里的圆白菜、土豆一起烹煮。猪骨肠取猪厚肠的一部分，里面塞满了带骨头的肋排、尾巴和少许的肉，用微辣的辣椒调味，略经烟熏和腌制，类似灌肠的做法。从外观上来看，好比一根巨大的辣味猪肉肠。

　　所有人家里都有一大块牛肉火腿（译者注：与闻名世界的 Jamón 猪肉生食火腿类似，但它的原料是牛肉）；加上一片面包和一点红酒，即食午餐瞬间完成。牛肉火腿是莱昂的典型食物之一，它是一种风干、腌制的牛肉，类似火腿的做法，抹上盐并轻微烟熏。这是人们在古代保存食品的方式，当时没有人工制冷设备。

　　板栗是另一种出色的产品，栗树因其备受赞赏且价格良好的果实而被种植。可以把板栗浸在糖水中或者糖渍（这种方法通常以法语名字 Marron Glacé 为人熟知）。有一些壮观的百年老树，当它们死后，人们会用它们的果实重新种植以延续生长。

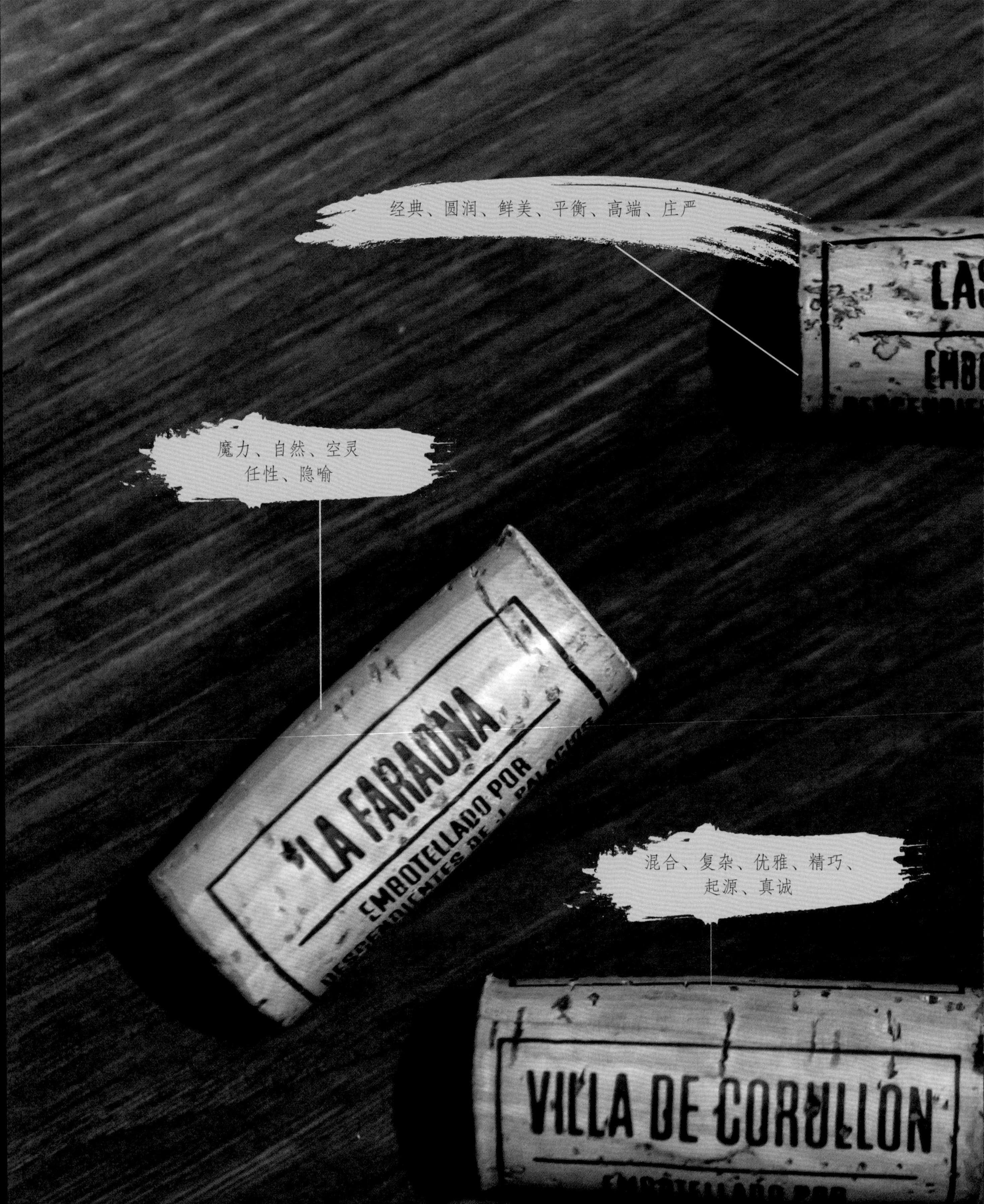

经典、圆润、鲜美、平衡、高端、庄严

魔力、自然、空灵
任性、隐喻

混合、复杂、优雅、精巧、
起源、真诚

*LA FARAONA

EMBOTELLADO POR

VILLA DE CORULLÓN

清澈、多汁、草本、石头、
严峻、神秘

花香、活泼、感性、平易近人、
受欢迎、易搭配美食

LAS

O POR

MONCERBAL

EMBOTELLADO POR

PÉTALOS

EMBOTELLADO POR

第十二章
下海湾地区

Forjas del Salnés

罗德里（Rodri）与劳尔（Raúl）

罗德里的祖父曾是梅阿纽镇（Meaño）的铁匠佩佩（Pepe o ferreiro）（译者注：Pepe 是祖父的名字在加利西亚语中的昵称，o ferreiro 是加利西亚语铁匠的意思），他对葡萄园和葡萄酒充满了热情，因此在萨尔内斯（Salnés）地区购买和种植葡萄。小时候，罗德里陪着他敬爱的祖父去铁匠铺，当然最喜欢的还是跟着他去葡萄园。铁匠弗朗西斯科·门德斯·拉雷多（Francisco Méndez Laredo）的儿子——赫拉尔多（Gerardo）、何塞·曼努埃尔（José Manuel）和弗朗西斯科（Francisco）继承了父亲的技能，更继承了他的葡萄园。赫拉尔多留在了葡萄园里并创建了 Do Ferreiro 酒庄，弗朗西斯科和何塞·马努埃尔则致力于以 Forjas del Salnés 为名从事贻贝浮台的制造业务，同时也继续在葡萄园里劳作。何塞·马努埃尔的儿子又调转枪头创立了与家族企业同名的 Bodega Forjas del Salnés 酒庄，他的名字叫罗德里戈（Rodrigo），但大家都叫他罗德里。向任何西班牙葡萄酒圈的人提到罗德里，他们都会知道是谁……

贻贝浮台是漂浮的平台，上面悬挂着绳索用来养殖贻贝和牡蛎，主要材质是桉树木材，但也装有一系列充当浮子的金属罐，这是一家铁匠铺的典型产品。罗德里在铁匠铺学会了一些手艺，也在家族企业工作过；但他继承的还是祖父对葡萄园的热情。

来自比埃尔索的著名葡萄农和酿酒师劳尔·佩雷斯的名字再次与一个令人兴奋的项目的启动相连。

劳尔下决心酿造一款酸度适中的阿尔巴利诺葡萄酒，因为在 20 世纪 90 年代许多产量过高的葡萄藤酿造出的阿尔巴利诺都酸度过高。他坚信，只要使用足够成熟的葡萄就能酿造出一款更加均衡的葡萄酒，并能像世界上所有伟大的葡萄酒一样在橡木桶中陈年。

显然，劳尔在下海湾地区没有葡萄园，因此第一个年份的 Sketch 葡萄酒（译者注：劳尔最出名的阿尔巴利诺酒款，也被认为是最好的该品种酒款之一）是用购买来的葡萄酿造的，而结果无法令人信服。第二年他想改善原料，一位在该地区工作的酿酒师告诉他，当地最好的葡萄归何塞·马努埃尔·门德斯家族所有。当时，他们如往常一样，将大部分葡萄卖给镇上最大的酒庄，自己只少量酿造供家庭饮用的葡萄酒。

劳尔和他们取得了联系，想要购买葡萄，这些葡萄是他梦寐以求的：在花岗岩土壤上的葡萄园面朝大海。劳尔说："当我前去采购葡萄的时候，他们却不肯收钱。"第二年也是如此，"那时已经是罗德里在负责了，他也不肯收钱。这怎么行呢！因此我提议帮助他建立自己的酒庄作为报酬。"罗德里的祖父曾经拥有一个小型酒庄，自己酿造的葡萄酒曾获得无数奖项，这在阿尔巴利诺比赛的旧文件中都有记录。2001 年，在他去世前不久，他告诉自己的子孙，他的梦想是用 20 年前种植的葡萄酿造红葡萄酒。

来自海洋的红葡萄酒

罗德里的祖父母是他一生中非常重要的人，因此他当时坚持酿造红葡萄酒。劳尔告诉我，他简直不敢相信："怎么是红葡萄酒呢？在这里应该用阿尔巴利诺酿造白葡萄酒！怎么会酿造红葡萄酒呢？" 2004年，他们在一家名为托罗萨尔（Torroxal）的酒庄酿造出第一批红葡萄酒，我怀疑在那之前，除当地人之外，很少有人知道下海湾地区出产红葡萄酒。在我们看来，除了阿尔巴利诺，这里几乎没有别的东西，但那款红葡萄酒却带有原产地名称保护管理委员会的印章，虽然颜色很浅，但确实是红葡萄酒，并且使用了至少在下海湾地区不为人知的葡萄品种来酿造，即卡伊尼奥、苏松和布兰切亚奥。因此，我并不奇怪劳尔会对我说："我当时难以理解：他拥有最好的阿尔巴利诺葡萄，却想要酿造红葡萄酒……"

他们一起去葡萄园查看了那些葡萄。劳尔发现可以酿造一款"勃艮第风格"的红葡萄酒，轻微萃取并用旧的橡木桶陈年，防止葡萄酒本身的风味被掩盖。他们从红葡萄酒开始，也逐渐酿造一些白葡萄酒，当然还有劳尔的 Sketch。2005年，Forjas del Salnés 酒庄正式成立，由罗德里掌舵，酿酒师是劳尔·佩雷斯。酒庄的历史可能并不长，但其家族的酿酒历史很长。罗德里知道曾祖父于1912年就在家乡梅阿纽镇种植了最古老的阿尔巴利诺葡萄园 La Finca El Torno，现在他们还拥有并耕种这个葡萄园。差不多一百年后，他有机会继承了家族的遗产并实现了祖父的梦想。"我祖父参与了20世纪80年代中期原产地名称保护（Denominación de Origen）的创建，他是创始人小组的成员，因此我们家有人致力于葡萄酒事业也很正常。"

"当时我着迷于酿造红葡萄酒，而劳尔则坚信白葡萄酒也需要用橡木桶陈年，但并非之前尝试的用小的新橡木桶，这样葡萄酒会被桶味支配，变得无法识别。"这个执念使得 Sketch 无法获得原产地名称保护的认证。劳尔半伤心半戏谑地对我说："他们不想给 Sketch 原产地名称保护，因为它经过橡木桶陈年了，他们告诉我说不能用橡木桶陈年阿尔巴利诺。"然而，关键是木材的"使用方式"。现在原产地名称保护涵盖的大部分最好的葡萄酒都是过桶的，而罗德里大部分的葡萄酒也是如此。当然，就像劳尔从一开始做的那样，是在中性的大橡木桶中陈年，尽管一开始他们不得不购买新桶，导致最初的桶味的印记略微明显。

罗德里开始以 Goliardo 这个品牌来酿造一系列他们称之为"来自海洋的红葡萄酒"的酒款，包括3个不同品种的单酿——卡伊尼奥、洛雷罗（Loureiro，注意有红洛雷罗和白洛雷罗）和埃斯帕代罗（Espadeiro），以及一款3个品种的混酿——Bastión de la Luna。而白葡萄酒的品牌则是 Leirana，其中一些以所属葡萄园的名字命名，且大多数在中性的大橡木桶中陈年；还有一些特别的酒款，如几乎无法复制的 María Luisa Lázaro（译者注：罗德里祖母的名字），是向他祖母致敬的酒款，在装瓶前经过近9年的陈年，因为酸度太高，以至于他们从来没有觉得它被驯服过，并且只在很少几个年份可以酿造这样的葡萄酒。

> "我当时难以理解：
> 他拥有最好的阿尔巴利诺葡萄，
> 却想要酿造红葡萄酒……"

海洋中的白葡萄酒

"劳尔的另一个想法是在海底陈年葡萄酒。当他告诉我的时候，我简直无法相信。"他们已经开始测试。"起初我们将葡萄酒放到近15米的海洋深处，但由于压力，许多软木塞都被冲开了。我还记得曾经有一次，我们可能是没绑好瓶子或者其他什么原因，总之当我们下潜想去拿一瓶看看的时候，那里什么也没有了。大海把它们带走了，谁知道发生了什么！"他们一点点完善了方法："我们已经测试了许多材料，但海水侵蚀了一切，甚至包括金属。经过反复试验，唯一可行的材料是塑料。由于我们家和贻贝浮台的人一直有联系，所以我们想到将几箱酒绑在浮台的一根绳子上，虽然较浅，但非常安全。"这我可得亲自去看看。

我们到达坎巴多斯港（Cambados）的时候，奥斯卡（Óscar）和图丘（Tucho）兄弟的船已经在等着我们。"如果问起奥斯卡和图丘，可能没人知道，大家都叫他们'西瓜兄弟'（Los Sandías），在乡村每人都有一个绰号。"几分钟后，我们已经登上了"西瓜兄弟"位于阿洛萨（Arousa）河口深处的一处贻贝浮台。如果在谷歌地图上将格罗维（Grove）附近和阿洛萨河口放大的话，可以清楚地看到这些贻贝浮台。正如之前所说，那里主要养殖贻贝和牡蛎。在我们走向浮台的时候，罗德里告诉我："两三个这样的贻贝浮台就可以养活一个家庭。"

我们在那儿踩着浮台的横梁保持平衡，等着葡萄酒被拉上水面。"一开始我们会穿潜水服、背氧气瓶潜下去取葡萄酒，那场面惊人，不过现在这样要实用很多。"当起重机吊起那根绳子的时候，出现的几乎是一个完整的生态系统，其景象和色彩令人印象深刻。"要知道在贻贝浮台周围的动植物数量可比公海要多得多。"海星、珊瑚、硬壳蟹、贝壳、海蟹、小贻贝、帽贝，还有一种介于珊瑚和水母之间的充满液体的蓝绿色生物……"我们称它们为'尿裤子的'，你看当它们被挤压的时候！"我几乎吓得掉进海里。

最后，我们开始观察那些酒瓶，寻找一瓶看上去不错且软木塞上没有太多帽贝，很容易从箱子中取出的葡萄酒。箱子里有那么多东西附着，连取出瓶子都不太容易。

　　我们甚至都没有回到船上就把它打开当场喝了，就在贻贝浮台上，我们拿着杯子、开瓶器、酒瓶，尽

力保持平衡，在水手们欢乐的注目礼中开始喝，显然他们在浮台上行动自如。这着实是一款真正来自海洋的葡萄酒！我们还开了一瓶曼萨尼亚（译者注：来自圣卢卡德巴拉梅达地区的一种生物陈年的雪利酒）作为开胃酒，因为我们特别喜欢用生物陈年的雪利酒来搭配鱼类等海鲜。

萨尔内斯是什么

位于蓬特韦德拉省（Pontevedra）阿洛萨和彭特韦德拉河口之间的萨尔内斯谷（Valle del Salnés）被认为是世界上最好的阿尔巴利诺葡萄产区之一，也是该品种的历史产区，还极有可能是原产地，尽管在葡萄牙的葡萄藤中发现的形态多样性表明它可能起源于边界的另一侧（译者注：西班牙和葡萄牙在下海湾地区所在的加利西亚白治区接壤）。无论如何，葡萄栽培不讲究行政区域的界限，争辩说葡萄品种是来自这里还是来自 50 千米之外意义不大。它是伊比利亚半岛西北部的一个品种，其栖息地几乎是唯一的，尽管用它酿造的葡萄酒引起了广泛的兴趣，使它一点点散布到世界各地。

在理想情况下，萨尔内斯谷应该是一个独立的原产地名称保护产区，与现在下海湾地区在 1996 年新增的 El Rosal、Condado do Tea、Soutomaior 及 2000 年新增的 Ribeira-Ulla 子产区有所不同。这些子产区常常互不相连，其温度、降雨量甚至葡萄品种都不一样，因此能产出具有不同特征的葡萄酒。这些葡萄酒有时因不受河口和海洋的影响而显著不同。下海湾地区更像是一个行政划分的名称，它们的共同纽带是不同的子产区都在蓬特韦德拉省。不过，目前只能这样了。

在萨尔内斯，土壤以花岗岩为主，虽然分解程度各异。在某些地方，它具有非常细的沙质质地，而在另一些地方则更为紧凑。阿尔巴利诺是一种喜欢花岗岩和大西洋的葡萄品种。我记得曾经去过海峡群岛一个实验性的葡萄园，两位年轻的法国酿酒师非常绝望，因为海风"烧毁"了一切，葡萄栽培在那里几乎不可行。他们对我说："所有的葡萄藤都有问题。好吧，除了那边的一些葡萄藤，看它们多挺直，好像什么都没发生。"那当然就是阿尔巴利诺，它们就像在家乡一样，满足地看着大海。

这里是多雨的气候，年平均降雨量约 1 600 升，风景郁郁葱葱。实际上，米尼奥河另一边属于葡萄

萨尔内斯谷

牙境内的地区被称为绿色海岸（Costa Verde），绿酒（Vinhos Verdes）的名字就是由此而来的，其中质量比较好的大部分是用 Alvarinho 葡萄酿造的，而这就是阿尔巴利诺在葡萄牙语中的拼写方式。降雨可能会给优质葡萄酒的酿造带来问题，尤其是在采摘季节。

加利西亚葡萄园的传统架型很特别：使用被称为藤蔓（Parra）或棚架（Pérgola）的方式，这种体系通常将葡萄藤固定在花岗岩材质的支撑上，使其在高处生长。这样做是为了让葡萄远离土壤的湿度，更加通风，获取更多的日晒，减少患病的风险。在葡萄

藤下可以种植甘蓝等蔬菜，也可以养鸡或另作他用。我不清楚这是此种修剪方式产生的原因还是由此带来的优势，但在加利西亚农村大部分地区小型农户的形态下，这是利用家庭所拥有的为数不多的土地的好方法。

当我说到小型农户时，可不是在开玩笑，也绝不仅限于葡萄园。下海湾地区原产地名称保护产区（DO Rías Baixas）现有的近4 000公顷土地归6 000个注册的葡萄种植者所有，平均每个葡萄种植者只有0.65公顷不到的土地。不仅如此，葡萄园还被划分为近23 000个不同的地块，因此平均每个地块的大小连0.18公顷都不到。

血管里流淌着卡伊尼奥

我们将要去看一个位于内陆的葡萄园，那里种植着红、白葡萄品种。这是典型的加利西亚乡村用花岗岩建造的房屋，什么都有一些：果园、母鸡和葡萄园。"他们年纪大了，无法继续在葡萄园里劳作，因此我们承诺会继续耕种，以此维持并充分利用它们。我曾经问洛拉（Lola）女士，她妈妈叫什么名字，她说叫 Genoveva；我问她是否可以用她母亲的名字为这款葡萄酒命名，她当然很高兴，因此诞生了 Finca Genoveva（译者注：酒款名字，意为 Genoveva 葡萄园）。有一天，我给她带来了一块巨大的石头，上面刻着这个名字，因为我在为所有的葡萄园标注名字，她为此感到非常自豪。"

"这里有着令人难以置信的几乎独一无二的酿酒历史。"罗德里一边解释一边带领我们走进没有光线的房间，大家不得不在布满灰尘和蜘蛛网的酒瓶中借助手机的灯光来搜索。"这就是为什么我不经常进来，也不去打扫或者整理它们，因为这些瓶子非常稀有。没有人能确定这些各式各样的葡萄酒酿自什么时候，这里有 30 年前甚至更久以前装瓶的卡伊尼奥和阿尔巴利诺。"我们借着手机灯光查看部分酒瓶，检查葡萄酒的颜色和瓶塞的状态。"软木塞的质量不好，因此几乎是在碰运气；但当它们状态良好的时候，简直棒极了。"阿尔巴利诺有些过度发展，但是卡伊尼奥表现抢眼。"这些葡萄酒是在没有技术或专业知识的情况下生产的，它们全拜葡萄园所赐。瞧，这些酒多好。"这清楚地表明，这些葡萄和出产它们的葡萄园有能力生产出一流的葡萄酒。

只有 2.5 公顷的葡萄园，"但我们估计约有 80% 的葡萄藤已有 180 年的历史"。它们不是你们想象中的葡萄藤，因为相比灌木丛，它们更像是树木。扭曲的树干部分中空，上面长着苔藓和蘑菇，看起来像是大象的鼻子，更确切地说像是蟒蛇。

随着时间的流逝，他们越来越了解不同的葡萄园，酿造红葡萄酒的经验也得到了提升。他们用 Genoveva 葡萄园里特别老的葡萄藤酿制了一款卡伊尼奥红葡萄酒，毫无疑问，这款酒是下海湾地区最好的红葡萄酒，也是全西班牙最好的红葡萄酒之一。此外，还有一款名为 Finca Genoveva 的阿尔巴利诺白葡萄酒，用同样来自 Genoveva 葡萄园的古老藤蔓酿造，也是同类型中最好的酒款之一。

在拜访加利西亚不同地区的时候，我发现有不同的葡萄品种都被叫做卡伊尼奥，似乎彼此之间没有什么关联。例如，下海湾地区的卡伊尼奥是红卡伊尼奥（Caíño Tinto），它也以另一个名字博拉萨尔（Borraçal）存在于葡萄牙；也有长卡伊尼奥（Caíño Longo）、圆卡伊尼奥（Caíño Redondo）、野生卡伊尼奥（Caíño Bravo）和阿尔巴雷约斯的卡伊尼奥（Caíño de Albarellos），甚至还有白卡伊尼奥（Caíño Blanco）！葡萄品种的名称、同义词和多义词的用法真能把人逼疯。

看过一些内陆的葡萄园之后，哪个葡萄园最靠近大海？罗德里说："在 O Raio de Valle 地区生产贻贝浮台的作坊旁边有一个葡萄园，在涨潮的时候海水几乎会灌入。"我们便前往那里参观。"我们耕种不同的葡萄园，有些是自己的，有些是租来的；有些很古老，有些比较年轻；甚至有一个是我自己种植的，这个葡萄园历史上一直出产萨尔内斯一些最好的葡萄，但近年被废弃后种上了桉树。"葡萄园实际上被令人难以置信的桉树气味包围了。"目前，我们拥有约 3.5 公顷的葡萄园，另外租用了 3 公顷，主要在梅阿纽镇，还有部分在桑森索镇（Sanxenxo）和巴罗镇（Barro）。"

他们的团队规模可以生产大约 3 万瓶葡萄酒，实在捉襟见肘。"此外，我还有一个小小的新的独立项目，问题在于供不应求。我不想一直对所有人说'不'，因此我有另一个小酒庄专门使用梅阿纽镇的葡萄来酿酒。项目从 2011 年开始，目前有两款阿尔巴利诺酒——Cies 和 Sálvora。"别以为他在谈论为了

利用市场热潮的工业化生产；相反，他在该镇有 1.5 公顷的葡萄园，仅出产 8 000 瓶不到的葡萄酒，加上 Forjas del Salnés 酒庄的产量，也就相当于勃艮第或北罗讷河家族酿酒厂的平均规模。一家人在葡萄园中劳作，酿造并出售葡萄酒以维持生计。"我们还将发行一款白卡伊尼奥酒，但该项目的总销量将不会超过 1 万瓶。"

他和劳尔的关系不仅仅是工作上的，甚至超越了友谊，他们看起来就像亲兄弟一样……"我们已经合作在萨克拉河岸开始了一个项目，"罗德里告诉我，"项目的名字叫 Castro Candaz，它位于几乎被人们遗忘了的阡塔达地区，那里气候更加凉爽，土壤是花岗岩，而不是类似劳尔酿造 El Pecado 和 La Penitencia 的阿曼迪地区的板岩。"第一批装瓶的葡萄酒来自 2013 年份，前途无量；而在一个租来的小酒窖里桶陈的那些葡萄酒看起来甚至更好。"让我们看看会怎么样，我们的想法是在六七年间总产量达到约 3 万瓶。"

总之，"劳尔的合作伙伴们"和他自己有两个共同的特征——谦虚和慷慨。许多人可能认为这些成功人士会是傲慢且自负的，而事实却恰恰相反。那些了解他们的人通常将他们定义为"一块面包"，就是通常所说的好人。罗德里是我认识的心地最善良的人之一。

Genoveva葡萄园的卡伊尼奥百年老藤

劳尔·佩雷斯和罗德里

加利西亚海岸美食

　　几乎所有人都将加利西亚与海鲜联系在一起，但那只是加利西亚靠近海洋的河口部分，那里冰冷的海水中孕育了地球上最美味的一些海鲜。而内陆地区更多食用肉类，特别是猪肉。罗德里生活在盛产海鲜的地区。

　　加利西亚人购买海鲜并在家中准备货真价实的海鲜拼盘，当然他们也经常出去吃饭。我知道的最好的海鲜餐厅是在小小的欧格拉弗半岛（O'Grove）上的 D'Berto。如果大家从未见过半米长的蝉虾、虎口长的蛏子或像史瑞克拇指那么大的藤壶，赶紧去认识一下贝尔托·多明格斯（Berto Domínguez）。

　　藤壶是一种奇怪的生物，当我试图向外国人形容它时，其英文名字"goose barnacle"对他们来说毫无意义，因此我通常会说它们是看起来像恐龙手指的动物。藤壶生长在岩石上，通常是在海浪拍打的地方，会为捕捞带来一些困难和危险。生长在加利西亚冰冷海水中的藤壶是温暖产区无可比拟的。藤壶只需要放在盐水中煮熟即可，没有什么门道，真正的秘诀是原料。

　　不容错过的还有加利西亚馅饼。西班牙的馅饼与南美的略有不同。在南美被称为馅饼（Empanada）的食物，在这里被称为小馅饼（Empanadilla）。而馅饼的名称被用来称呼一种要大得多的饼，通常被切成块，最初是用类似制作面包的面团制成的，但现在也有用千层饼制成的。经典的加利西亚馅饼里塞满了金枪鱼、番茄和洋葱，不过馅料千变万化，有肉、小沙丁鱼（Xoubas）、各种扇贝、鳕鱼和葡萄干……

　　该地区有一些葡萄酒的"圣殿"值得推荐，如波尔托诺沃镇（Portonovo）的 A Curva 和桑森索镇最新开张的 Casa Aurora，两者均由米格尔·安索·贝萨达（Miguel Anxo Besada）家族经营，供应传统的加利西亚沿海美食，以及位于蓬特韦德拉中心的 Viñoteca Bagos，由两位葡萄酒爱好者安德里安（Adrián）和费尔南多打理，提供更多前卫的美食。

第十三章
普里奥拉托

Sara i René Viticultors

雷内（René）和萨拉（Sara）从南锡到狼嚎村

雷内·巴比埃尔·梅耶尔（René Barbier Meyer）是法国酒商的后裔，也是家族里第四代雷内·巴比埃尔。当初家族的先辈们像很多人一样，因为法国葡萄园遭受了根瘤蚜虫病毁灭性的袭击而被迫来到西班牙寻找葡萄酒。他们在塔拉戈纳定居，并成立了一家以家族名字命名的葡萄酒公司，虽然延续至今，但其实在两代人之前这家公司就已经和他们的家族无关了。他的父亲雷内·巴比埃尔·费雷尔（René Barbier Ferrer）被认为是现代普里奥拉托之父，而他被儿子称为"那个大胡子"，尽管小雷内有时也会留一把不

那么浓密的胡须。老雷内是狼嚎村（Gratallops）Clos Mogador 酒庄的创建者，也推动了一群疯狂的人在20 世纪 80 年代末以一些被称为"Clos"的葡萄酒复兴了该地区的葡萄栽培产业（译者注：当时这些人在一起酿酒并分装成不同名字的葡萄酒销售，这些葡萄酒名都以"Clos"开头）。

萨拉·佩雷斯·欧维赫罗（Sara Pérez Ovejero）来自一个与葡萄酒并无渊源的家庭，于 1981 年来

Mas Martinet 酒庄葡萄园里的独特排列

到普里奥拉托。她的父亲约瑟夫·路易斯·佩雷斯（Josep Lluís Pérez）是一名科学家，后来成为酿酒学教授，并创建了 Mas Martinet 酒庄（普里奥拉托产区复兴的另一家先锋酒庄）。萨拉原本想要学习生物，但最后学习了哲学，直到有一天，她突然想明白了：葡萄酒才是自己的归宿。

巴比埃尔一家仍然是法国人：雷内和他的兄弟姐妹们出生在靠近德国的法国东北部洛雷纳（Lorena）地区的南锡，那也是他母亲伊莎贝尔（Isabelle）的家乡。只有小弟弟安德森（Anderson）是在海地出生的，2001 年底他快 5 岁时来到了狼嚎村。记得有一次，我和雷内的父亲聊起军队里的一些事情（现在年轻一代的人已经不用参军了），但有些事情让我觉得对不上，而这并不是因为我们年龄的差异。直到我意识到，雷内可是在法国服的兵役！

佩雷斯一家是巴伦西亚人，每年夏天仍然会去 Quatretondeta 度假，这是一个位于阿利坎特省北部 Cocentaina 地区的小镇，常住居民才 100 多人，是约瑟夫·路易斯的出生地。"我母亲是佩内德斯人，"萨拉告诉我，"她在巴塞罗那省的 La Beguda Alta 长大，而我的曾外祖父曾经在 Masía Bach 酒庄工作过！"因此，说佩雷斯·欧维赫罗家族从前和葡萄酒世界无关也不完全准确。

"嗯，还有一些与葡萄酒相关的过往。我外祖父与家人流亡到瑞士德语区的沙夫豪森州，靠近苏黎世，在那里他为沙申曼（Schachenmann）家族的酒庄工作。我的父亲出生农户，但他想继续学业，就离开家乡前往瑞士工作，并师从一位非常著名的教授——让·皮亚杰（Jean Piaget），学习人类生物学。在那里他认识了我母亲，而我是在日内瓦出生的。1973 年我 1 岁的时候，恰逢佛朗哥政府执政的晚期，他们决定回到西班牙（译者注：西班牙在 1939—1975 年处于佛朗哥政府的独裁统治之下）。"

因此，这些"阿利坎特–加泰罗尼亚人"从日内瓦回到了普里奥拉托。萨拉说："我从父亲那里继承了一半的阿利坎特血统，还有对烟花爆竹、东部沿海地区的饮食、干燥的土地等的热爱。"而巴比埃尔一家则把原来用于周末度假的乡村农舍改建成了用于酿造自饮葡萄酒的葡萄园，这片世外桃源也是他们的住所和生活方式。然后他们还一起共同创造了历史。

萨拉和雷内自称葡萄农，我们谈论的 Sara i René

Viticultors 是他们俩在蒙桑特（Montsant）和普里奥拉托从种植葡萄开始的项目。尽管如此，他们俩的名字还是和 Clos Martinet 和 Clos Mogador 酒庄的历史密不可分。他们各自在这两个家族酒庄中成长和学习，现在成为酒庄的负责人。他们的姓氏与普里奥拉托近年来重生的历史无可避免地联系在一起。

修道院院长的土地

普里奥拉托位于加泰罗尼亚自治区的塔拉戈纳省，北部是蒙桑特山脉（译者注：也被称为"圣山"），南部是亚贝利亚（Llavería）和圣玛丽娜（Santa Marina）山脉。普里奥拉托历史区域位于该地区的中心，包括组成葡萄酒原产地名称保护产区的9个村镇：Bellmunt del Priorat、Gratallops、El Lloar、El Molar、La Morcra de Montsant、Poboleda、Porrera、Torroja del Priorat 和 La Vilella Alta & La Vilella Baixa。

这些土地属于天梯修道院（Scala Dei）的院长（Prior），因此该地区得名普里奥拉托（Priorato）。天梯修道院是 12 世纪重要的卡尔特会修道院，位于蒙桑特山脚下，大量的壤土和石灰岩保护修道院免受风蚀。La Morera de Montsant、Scala Dei、Gratallops、Torroja del Priorat、Porrera 和 Poboleda 组成了天梯卡尔特会修道院的领土。

Scala Dei 不能被称为一个城镇，因为只有很少的几户人家，而且官方隶属于 La Morera de Montsant 镇。普里奥拉托原产地名称保护产区的范围还包括 Falset 镇的北部（Masos de Falset）和 El Molar 市的东部（Les Solanes del Molar）。

普里奥拉托是一个神奇的地方，崎岖干旱的地貌具有磁铁一般的吸引力，很多人经过那里就留下了。葡萄园的土壤是被称为"Llicorella"的分化板岩材质。葡萄用最原始和最困难的方式种植在梯田、河岸和被称为"Costers"的斜坡上；有时斜坡的倾斜角度达到 60 度，土壤松散，容易滑倒，令人害怕。在这些如同沙漠般的自然条件下，葡萄藤仿佛无法生长。它们的确长得很慢，但还是顽强生长着。当地葡萄产量极低，葡萄园里的工作非常辛苦。

普里奥拉托是各种国籍和出生地的镶嵌拼图。它具有一种磁性，我经常将其描述为"嬉皮士的磁铁"：每个经过那里的嬉皮士都会留下。如果愿意，也可以用"企业家、梦想家、不循规蹈矩的人"代替"嬉皮士"。该地区的主要吸引力是自然景观：位于山石

Manyetes 种植区

之巅的 Siurana 镇是这里最壮观的村镇之一，那里的岩壁在世界各地的攀岩者中都很有名，非常值得登上小镇一览壮丽景色。

普里奥拉托是一个神奇的地方，
崎岖干旱的地貌具有磁铁一般的吸引力。

Clos Martinet 和 Clos Mogador

新普里奥拉托的开端一定非常有意思，从当时的照片来看，它更像是一个嬉皮公社，而不是酒庄。1989 年，他们将每个人的葡萄收集起来混合发酵；随后葡萄酒被装瓶、分配，每个人各自贴上自己的标签。最初有 10 家酒庄，但只有 5 家继续经营，包括 Clos Dofí、Clos Erasmus、Clos de l'Obac、Clos Martinet 和 Clos Mogador。当时萨拉和雷内只有 15 岁，故事的主角是他们的父母，不过两人已经耳濡目染了。

萨拉好几年之前就开始负责 Clos Martinet 酒庄的酿造工作，她于 1996 年接手了父亲的工作。不过，她将不同的葡萄园分开，并恢复使用陶罐和玻璃罐来陈年葡萄酒。Clos Martinet 酒庄有来自不同葡萄园的 5 款葡萄酒，并恢复了传统和旧习俗。

长年来她与父亲合作，已成为西班牙最多产的葡萄酒顾问之一。"不过，我们的咨询服务旨在帮助人们能够独自飞行，项目一般计划为 5 年或 6 年，随后他们将不再需要我们……"这些咨询项目同时是一个深入了解其他地区葡萄酒的难得机会，如恩波尔达（Empordà）、卡瓦（Cava）、马略卡（Mallorca）、布亚斯（Bullas）、巴伦西亚……

老雷内对我说："我们在这里是因为我的儿子雷内。我们过去住在塔拉戈纳，女儿去世后，与她关系亲密的小雷内无法忍受终日封闭在那里，于是他让我们搬来普里奥拉托居住，并在 Falset 学习酿酒。我们照做了。"

如果说巴比埃尔一家乐于助人，那么佩雷斯一家的精神也促使他们去帮助别人。有一段时间，萨拉负责酿造 Vall Llach 酒庄的葡萄酒，这是歌手兼词曲作家路易斯·雅克（Lluís Llach）在其母亲的故乡 Porrera 镇的酒庄。萨拉的兄弟阿德里亚（Adrià）和表弟马尔克（Marc）自 2002 年以来一直负责 Cims de Porrera 酒庄的葡萄酒酿造，这是 Porrera 镇的一家合作社，曾经由萨拉父亲与一些合伙人负责，他们在那里重新发现了佳丽酿这个品种。

"第一个年份是 1996 年，Cims de Porrera 酒庄原本要装瓶歌海娜，"萨拉曾告诉我，"因为每个人都说佳丽酿不适合用来酿造优质的葡萄酒，所以我们在发酵完成后就把它留在那里等别人来收走（译者注：作为散装酒出售）。但出于某些原因，他们来晚了；有一天，不知道为什么，我们想起来去试一下那些酒。尝过之后突然惊觉：我们在做什么？我们为什么要把这些酒作为散装酒卖掉？这酒太美妙了！在那一刻，我们开始对佳丽酿有信心了。"最终，第一个年份的 Cims de Porrera 一半是歌海娜，一半是佳丽酿；从第二年开始，他们就以 Solanes 品牌装瓶佳丽酿了，并且不再出售佳丽酿的散装酒。

出于某种未知的原因，官方使用萨姆索（Samsó）这个名字来命名佳丽酿，其实这个名字从未在那里被使用过，并且很可能属于另一个葡萄品种神索（Cinsault），真令人困惑。不管在酒标和官方文件上使用什么名称，当地每个人都在谈论佳丽酿。萨拉说："对于我们来说，捍卫长期以来被误解而名声不佳的葡萄品种并用它酿造葡萄酒已经够难了，居然还无法正确命名。"她说的一点没错。在普里奥拉托，有两个红葡萄品种——歌海娜和佳丽酿。尽管歌海娜在摆脱了几十年来的不良形象后正经历着一段辉煌的时期，但许多人认为该地区最伟大的红葡萄品种应该是佳丽酿。

萨拉在属于蒙桑特原产地名称保护产区（DO Montsant）的 Falset 郊区启动了一个名为 Venus 的个人项目，该产区环绕着普里奥拉托。项目的灵感来自加利福尼亚 Sine Qua Non 酒庄的葡萄酒美学，它是北美现代葡萄酒的标志之一。从早期追求成熟度、集中度和重萃取，转为更加流畅、优雅和细腻，一切发生了很大的变化。就像在许多其他地中海地区一样，这里的问题是如何酿造出平衡而优雅的葡萄酒，因为浓缩和力量是大自然已经赋予的。

除了自家的酒，雷内还负责照看 Clos Erasmus 酒庄的葡萄酒，他们在很长一段时间里借用了 Clos Mogador 的场地酿酒。当 Clos Erasmus 酒庄搬到狼嚎村的一个小型酿酒厂时，雷内甚至还在那里。那个酿酒厂以前是狼嚎村的一个剧院，阿尔瓦罗·帕拉西奥斯在郊区建造新的酒庄之前，也在那里酿酒。记得 Clos Erasmus 酒庄第一台压榨机从意大利运来的时候，我正好在狼嚎村，雷内和他的朋友们正在安装设备，对着使用说明查看轮子装在哪里……

Clos Mogador 酒庄并不满足于酿造西班牙最好的红葡萄酒，他们开始酿造革命性的白葡萄酒 Clos Nelin。这款酒使用了很大比例当地比较少见的白葡

萄品种维欧尼（Viognier），这个品种原产于法国的北罗讷河谷地区。他们本着合作的心态帮助葡萄酒进口商克里斯托弗·坎南（Christopher Cannan）在普里奥拉托建立了自己的酒庄 Clos Figueras，又在蒙桑特开展了一个名为劳罗纳（Laurona）的项目，一直持续到 2015 年。

Manyetes 是狼嚎村一个种植区域的名字，那里特别干旱的环境和极度炎热的天气对佳丽酿有利，因为它远比歌海娜更耐受太阳的照射。在这里种植的几个地块，有一些是近一个世纪前栽下的。出生于比利时的卢克·冯·伊瑟海姆（Luc van Iseghem）是鲜为人知的普里奥拉托先驱之一，他一直用这里的葡萄来酿

酒。在他去世之后，Manyetes 成为 Clos Mogador 酒庄葡萄酒的一部分。

　　就像萨拉的弟弟最终沉浸在葡萄酒里一样，可以预见，类似的事情也会发生在葡萄园里的克里斯蒂安·巴比埃尔（Christian Barbier）身上，尽管他更加擅长葡萄栽培，而不是酿酒。克里斯蒂安很年轻，他出生于 1992 年，那时雷内已经开始学习酿造。他是"再生农业"坚定的追随者，这种耕种方式不使用任何农业化学品，能让土壤再次获得生命力，从微观层面开始，最终使整个生态系统处于平衡状态，动植物共存于富有生命力的土壤中。"很高兴我弟弟如此积极地参与葡萄园的事务，生产生物肥料并延长了 Clos Mogador 酒庄土壤的寿命。我们得到了立竿见影的改善。"雷内直言。

雷内·巴比埃尔·费雷尔

回本溯源

普里奥拉托传统上酿造 Rancio 老酒，这是一种在地中海炎热的气候下保存和稳定葡萄酒的方法，即以受控的方式氧化葡萄酒，防止其不受控制地氧化。将酒放在木桶或暴露在阳光下的玻璃罐中进行长时间陈年，然后通过索雷拉系统混合不同的年份，取出最老的酒饮用，同时在老桶中加入更年轻的酒进行混合。这种酒非常适合搭配干果和甜食，它通过蒸发和陈化来浓缩，可以是甜型的，也可以是干型的。

自 1995 年以来，萨拉一直在 Clos Martinet 酒庄酿造 Rancio 老酒，这些酒终有一朝会重见天日。当然，之前已经有人做过这个事情了，老雷内因为害怕这些传统的酒损坏或失传，就从不同城镇的家庭收购了旧的索雷拉系统保护它们，并以 Arrels del Priorat 这个名字为人所知（这个加泰罗尼亚语的名字意为"普里奥拉托的根源"）。

正如许多浪漫的项目一样，从经济效益来看这是一场灾难：一瓶酒也卖不出去，因此几乎无法支付那些将索雷拉系统卖给他的家庭。幸运的是，时间会证明一切，目前这种风格略有回潮，因为有些公众对更传统的葡萄酒感兴趣，并愿意保留这些"根源"。同时，我们热切地等待着在 Clos Martinet 酒庄酿造的 Rancio 老酒，不去考虑时间和金钱。

传奇继续

　　莎拉和雷内爱上了葡萄酒、普里奥拉托和蒙桑特，最后他们彼此相爱了。2001 年他们走到了一起，当时是 2 月，他们碰巧都在阿根廷门多萨的 Achaval-

Ferrer 酒庄进行采收。

　　La Vinya del Vuit（八个人的葡萄园）是他们第一个联合葡萄种植项目。这是一个小小的冒险：八个朋友一起购买了一个葡萄园，因此得名。萨拉告诉我说："2001 年 8 月，我们开始和雷内的表兄弟菲利普·塞维农（Philippe Thévenon）商量，与其他朋友一起酿造一款葡萄酒。雷内就告诉了他两个儿时的朋友伊班·富瓦（Iban Foix）和朱利安·巴斯特（Julien Basté），因为父母就是朋友，所以他们打小就认识。实际上，朱利安的父亲参与了第一批普里奥拉托酒庄的项目——Clos Basté-Krug，仅在 1989 年酿造了一个年份。然后，我叫来了我的姐妹努丽亚（Nuria），她也在 Clos Martinet 酒庄工作，负责管理的部分，因此是'领导'；以及我们的朋友梦塞·马特奥斯（Montse Mateos），她是我们儿子 Tete 的老师和教母。埃斯特·宁（Ester Nin）和我一起学习生物学，在工作难找的时候，她来到了普里奥拉托，她曾经和我父亲一起工作，还和 Clos Erasmus 酒庄的达芙妮·格洛里安（Daphne Glorian）一起工作，并在 Porrera 镇建立了 Familia Nin-Ortiz 酒庄。就是这八个人！"

环绕普里奥拉托的是一个年轻的原产地名称保护产区蒙桑特，该产区在 2002 年创建，由当时塔拉戈纳原产地名称保护产区（DO Tarragona）下属的 Falset 子产区演变而来，其土壤、景观和微气候更加多变。萨拉和雷内在两个产区工作，实际上它们属于一个行政区域。

他们一开始暂住在 Venus 酒庄里，这个小酒庄渐渐成了他们的家：橡木桶储存室变成了起居室，随着孩子们的出生，房子也逐渐扩大，成为酒庄不可分割的一部分。这个地方位于 Falset 郊区，离普里奥拉托仅一步之遥，但与普里奥拉托的板岩土壤不同，有一些特殊的花岗岩土壤，能生产出更加凉爽风格的葡萄酒，就像 Venus 酒庄葡萄酒的特征，尤其是 Dido 系列，而白葡萄酒更是如此。

"当时，因为和我父亲共同的咨询业务，许多人给我们打电话请教，而我想放慢脚步，投入自己的家庭和项目中。但是，在 Dominio do Bibei 酒庄的坚持下，我们去了加利西亚的萨克拉河岸，并立刻爱上了那个地区。我们无法抗拒，于是帮助他们启动了那个项目，对双方来说至今都非常特别。"萨拉坦白说。萨克拉河岸和普里奥拉托这两个地区有一些类似，都是河岸两边陡峭的板岩斜坡，尽管那里是大西洋气候，而葡萄品种是门西亚和格德约。

Sara i René Viticultors 起步于狼嚎村 Partida Bellvisos 一块被遗忘的葡萄园，他们在那里酿造了一款白葡萄酒和一款红葡萄酒。"这是一个非常特别的地方，我们做了大量工作，一开始葡萄园近乎荒废，我们通过重新整枝并更换枯死的植株使其恢复生机。在这个地方我们不用操之过急，因此这些酒投放市场也较晚，我们会将其保留到我们认为适饮的时候。"雷内一边解释一边在葡萄园的高处打开一瓶酒。在出产葡萄酒的葡萄园里喝酒是一件神奇的事情。这块葡萄园的第一款酒是 Gratallops Bellvisos 2002。

嬉皮士精神在他们的基因中与生俱来，影响着他们的日常生活、工作方式和人际关系。他们参与了多个项目，因为他们仍与家族的葡萄园联系在一起，他们在一起生活之前都有各自的独立项目，更重要的是，他们像父母一样，都喜欢分享和帮助朋友。

他们生活在乡下，以乡村的方式生活：养鸡、种菜、关注环境，以有机的方式种植葡萄，进行山区葡萄栽培试验，重新使用骡子耕作，并用最自然的方式酿造葡萄酒，尽可能地将葡萄园的风景捕捉到瓶中。他们这一代人意识到需要恢复传统，并回归尊重环境的可持续耕种。

很久以前，老雷内对我说起小雷内和萨拉的事情："作为父亲，儿子能和朋友的女儿结婚真是一个美梦，而且你还和这个朋友一起工作过并复兴了普里奥拉托，这是如此美妙；最重要的是，现在他们俩将继续由我们开始的事业……"

如果各位想知道的话，是的，自 2004 年 3 月以来，第五代雷内·巴比埃尔——雷内·巴比埃尔·佩雷斯已经出生，他在 4 个孩子里排行老二，大家暂时叫他 Tete，以免混淆。

普里奥拉托美食

普里奥拉托是加泰罗尼亚内陆的一个地区，因此请忘记鱼类和贝类。这里是肉类、本土蔬菜、草本植物和各种肉肠的热土。像所有的山区一样，这里有蘑菇、蜗牛、兔子和野兔，在禁猎期还有各种各样的鸟类。

雷内是一位出色的厨师，在他家里用餐除了有世界一流的葡萄酒，还有地道的高级美食。他在那里忙于切蔬菜和准备各种配料；萨拉则专心准备搭配橄榄和红酒的兔子。"这是一道整个地中海地区都会做的菜肴，从法国南部到莱万特地区（译者注：西班牙东部沿海地区），各地制作方式会有所不同。我祖父在家里养兔子，我们会用兔肉做很多菜……"

头天晚上，将切块的兔肉和蔬菜（洋葱、韭菜和胡萝卜）放在 1 升红酒中腌制，使其入味。第二天，将所有食材煨制后，放入土锅中慢慢炖煮，并加入橄榄。这就是主菜。

作为前菜，雷内准备了令人印象深刻的 Trinxat（译者注：一种比利牛斯山区的菜肴）：用卷心菜、土豆、白煮蛋和当地肉肠（Butifarra del perol）制成，这是山区典型菜肴的改良版。

2003 年的夏天，出于对美食的热爱，他们在狼嚎村开设了一家叫 Irreductibles（不可征服）的餐厅，这个名字的灵感来自漫画人物阿斯泰利克斯（Astérix le Gaulois）及其抵抗全球化袭击的高卢军团（译者注：法国知名连环漫画，讲述公元前 50 年，仅存的未被罗马人占领的小镇里，顽强的高卢人依靠药水、智慧和勇气挫败凯撒阴谋，保卫村庄的故事）。

Irreductibles 餐厅是一个标志性的地方，普里奥拉托历史上所有的关键人物都去过那里，有些疯狂的夜晚值得大书特书。但是，要照顾一个家庭和管理几家酒庄已经够忙碌了，更别提还要经营一家餐厅了。经营餐厅本身就是一项繁琐的工作，再加上其他的事情，几乎变成了不可能完成的任务。几年后，这家餐厅换了老板，以另一个名字"Les Figueres"重新开张，它仍是狼嚎村标志性的地方。

在普里奥拉托，除了葡萄园，另一些明星作物是榛子及种植范围没那么大的杏仁和橄榄，它们都是典型的地中海作物。榛子树与葡萄藤分享空间和土壤：你从远处看到一个斜坡，以为种着高大的葡萄藤，但走近一看，发现其实是榛子树。那些板岩的土壤和自然条件使榛子像葡萄一样风味浓郁。我觉得这些榛子可以与著名的意大利皮埃蒙特的榛子媲美。邻近的雷乌斯镇（Reus）是一个非常重要的干果贸易中心，实际上它决定了欧洲的干果价格。

第十四章
里奥哈

Compañía de Vinos
Telmo Rodríguez

迁居里奥哈

特尔莫·罗德里格斯·埃尔南多雷纳（Telmo Rodríguez Hernandorena）1962年出生于巴斯克地区伊伦市（Irún）一个显赫的家庭，家中云集思想家、艺术家、企业家、政治家和知识分子。他先在毕尔巴鄂学习生物学，随后赴法国完成学业。在波尔多，特尔莫遇到了巴勃罗·埃古基萨（Pablo Eguzkiza），巴勃罗自1994年起便一直是他的合伙人，他们共同创立了特尔莫·罗德里格斯葡萄酒公司（Compañia de Vinos Telmo Rodríguez）。特尔莫家族位于拉巴斯蒂达镇（Labastida）的莱美尤丽庄园（Remelluri）是里奥哈最好的庄园之一，是他父亲海梅·罗德里格斯·萨利斯（Jaime Rodríguez Salís）在1967年买下的。

特尔莫的父亲是一位企业家，也是拒绝因循守旧的知识分子，不算是酒农，而他的祖母是作家和雕塑家，祖父则是作家和考古学家。特尔莫告诉了我前因后果："我父亲买下莱美尤丽庄园是因为我们的家庭医生来自拉里奥哈，他一直念叨着让我们搬去那里，说是改变气候环境对我们有好处。当时从伊伦到拉里奥哈要3小时车程，不像现在。当我父母刚到那里时，百废待兴，但他们爱上了那个地方，尤其是我的母亲。"

"那时，几乎你目光所及之处都在出售。有很多宫殿和属于贵族的房屋，但我的父母想在乡村生活，想要一处乡间农舍。他们对房子本身并没有特别印象深刻，主要还是对这个地方非常喜欢。在里奥哈，人们不喜欢住在乡村，因此乡间农舍很少。不过他们发现了莱美尤丽，这是为数不多的乡间庄园之一；他们初到那里时什么也没有，没有电、没有道路，与世隔绝……也许这样的地方不适合里奥哈人，但对于喜欢独自住在农舍的巴斯克家庭来说简直太棒了。"

莱美尤丽庄园

莱美尤丽庄园

莱美尤丽过去是托洛尼奥（Toloño）的一处古老修道院，就在阿拉瓦省（Álava）的拉巴斯蒂达镇外，修道院里有一些石槽和一处中世纪墓地。特尔莫说："我父母从未想过要酿酒，但是莱美尤丽激发了他们去这么做，因为那里曾是一个出产葡萄酒的庄园。有文件证明，早在1500年，这里就向拉巴斯蒂达村缴纳葡萄酒生产税。我父母以为他们只是买了座乡间庄园，但实际上并非如此。我父亲开始研究庄园的历史，后来他发现那里有10世纪和11世纪的墓葬，还有中世纪光复运动时期的战士定居点。我父亲热爱考古学，但他买下庄园时，其实一点也不知道这些东西的存在。"

庄园的房屋和附属建筑逐渐被翻新，葡萄园栽种面积扩大，他们也开始酿造一些葡萄酒。特尔莫说："父亲研究、学习得越多，就越兴奋。早在20世纪70年代之前，他们就在租来的酒庄里酿了一些葡萄酒。此后，他们修复了庄园里最古老的建筑，修道院被改建成了酒庄。"

事实上，特尔莫也不算是个酒农。他的亮相总是无可挑剔，下了摩托车、脱下头盔，他的发型仍能丝毫不乱。他在葡萄园中漫步，穿的长外套一尘不染，皮鞋锃亮，而我们的靴子因为刚刚踏进及膝的雪中，现在又走在乡间小道上而粘满泥泞。在某些方面，他总是让我想起一个典型的英国贵族，或者按他自己的说法，一位"绅士农夫"，穿着灯芯绒长裤、粗花呢外套和巴伯尔牌（Barbour）大衣。显然，打扮精致是一种家族传统。特尔莫祖父的堂兄弟——弗朗西斯科·罗德里格斯·索拉（Francisco Rodríguez Saura），特尔莫叫他Patxo叔叔，他曾在伊伦当地军队中担任将军多年，发型从来无懈可击，即使在骑马时也是如此。

特尔莫和巴勃罗是在波尔多读书时相识的。当时，巴勃罗在Petrus酒庄工作，特尔莫则在Cos d'Estournel酒庄。"我在Cos d'Estournel酒庄遇到了我最好朋友之一的让-纪尧姆·普哈（Jean-Guillaume Prats），他是布鲁诺·普哈（Bruno Prats）的儿子。"他的家族当时是酒庄的所有者。布鲁诺虽然已经退休，但仍然在大半个世界有项目。让-纪尧姆是法国酩悦·轩尼诗-路易·威登集团（LVMH）葡萄酒事业部的总裁，而从2012年末以来，他也一直担任Estates & Wines项目的首席执行官。特尔莫开玩笑地说："我和妻子巴伦蒂尼（Valentine）的相识也是让-纪尧姆的'错'。"

巴勃罗的旅程本可以在Petrus酒庄停止，因为酒庄想让他留下来。由于工作原因，我现在一直和让-克劳德·贝汝艾（Jean-Claude Berrouet）保持联系，他出生在波尔多的一个巴斯克家庭，是Petrus酒庄最著名的酿酒师，从1964—2007年一直负责酿造工作，不多不少正好44年，现在他的儿子在酒庄继续工作。巴勃罗是贝汝艾最喜欢的徒弟之一，即使是现在，过了30年后，每次我见到他，他总会问起："你的朋友巴勃罗怎么样了？"

在波尔多学习、工作之后，特尔莫在罗讷河谷待了一段时间，在那里他发现了另一种葡萄酒，更能展现风土、体现人的作用，来自小型葡萄园，而且更有"灵魂"，这要感谢以下这些人：埃米塔日的杰拉德·沙夫（Gérard Chave）、科尔纳斯的Clape酒庄、教皇新堡Beaucastel酒庄的佩兰家族（Perrin），以及普罗旺斯Le Domaine de Trévallon酒庄的埃洛伊·杜尔巴赫（Eloï Durrbach）。

特尔莫和巴勃罗返回西班牙后开始一起工作，首先是在Barón de Oña酒庄，不过和股东发生了点摩擦，后来就在莱美尤丽。特尔莫说："我在莱美尤丽工作了10年，和我父亲一起旅行了很多次。"这点我可以证明。因为在西班牙，我们并不擅长外语和旅行，但每次我问起酒庄是否有西班牙人来过时，他们总会说："特尔莫·罗德里格斯和他父亲来过。"

特尔莫和巴勃罗

公司的萌芽

"近 10 年来，我和父亲总在夏天去西班牙各处走走，沿着官方牧道（Cañadas Reales）寻找那些被遗忘的葡萄园，想写一本以此为主题的书，但到现在也没写成。不过，官方牧道的旅程给了我一些灵感。1994 年，我创立了特尔莫·罗德里格斯葡萄酒公司。我见过非常多具有潜力的极棒的地区被遗弃了，这让我非常忧心。那些旅行让我萌生出创立公司的想法，现在我们耕种的许多葡萄园都是我在旅行中发掘的。我的目标是不让那些被遗忘的葡萄园消失。"

"我把这一切告诉了巴勃罗，那时他正准备去澳大利亚，我说服他别走，然后就一起成立了公司。那时，我们什么都没有。我们开始用纳瓦拉（Navarra）的老藤歌海娜酿酒，那款葡萄酒叫做 Alma（灵魂）。"巴勃罗·埃古基萨出生于纳瓦拉的潘普洛纳（Pamplona），他是"藏在背后的人"，不仅是成功不可或缺的关键因素，也是公司项目的合作伙伴。巴勃罗技术过硬、具有条理，特尔莫则更具有创意。如同许多成功的商业伙伴一样，比如朱利·索雷尔（Juli Soler）和费兰·阿德里亚，史蒂夫·乔布斯（Steve Jobs）和史蒂夫·沃兹尼亚克（Steve Wozniak），他们一个是大脑，另一个是心脏，两个人完美互补。

特尔莫说："虽然我们来自伊伦，但我还是搬到了莱美尤丽去居住，我越来越喜欢那里了，尽管伊伦对我仍有许多羁绊。例如，我的弟弟桑乔（Sancho）和我一直喜欢冲浪，现在依然如此。我总是带着冲浪装备旅行。我记得当时我们有个冲浪暗号，要是什么时候想要偷闲去冲浪就会说暗号。我的朋友们看到汹涌的浪潮临近时，就会给莱美尤丽打电话，提醒

我别忘了要在几点去河口品酒。这是在手机问世前，你没法直接打电话给别人，只能打到家里或是办公室留言。当我收到留言后就知道冲浪的时间到了。"

特尔莫和巴勃罗逐渐尝试酿造不同风格的葡萄酒，同时找到了更多合适的产区。下一站是马拉加。"我们很早就去了马拉加产区，因为有一家历史悠久的 Scholtz Hermanos 酒庄宣告破产，虽然酒庄面临极高的风险，但我们不希望所有的一切消失。"马拉加项目的故事说来精彩，恰好是优秀的英国葡萄酒作家休·约翰逊（Hugh Johnson）的精彩自传《葡萄酒，开瓶人生》（Wine, A life Uncorked）的结尾。约翰逊是全世界少数几个喝过那款神秘酒的人，酒是他在佳士得拍卖会上拍得的。那是一批来自 18 世纪末、没有酒标的葡萄酒，仅仅标记着"国王的风车磨坊（Molino del Rey）"。据说这批酒属于惠灵顿公爵，叫做"高山酒（mountain）"，英国人管马拉加葡萄酒都叫这个名字。在自传中，约翰逊提及他和澳大利亚

的里昂·埃文斯（Len Evans）共饮了最后一点神秘酒，一致认为这是他们一生中喝过最好的葡萄酒。要知道这两位一生中品尝过很多伟大的葡萄酒。显然，这款神秘葡萄酒产自 1830 年，存放的酒瓶年代比酒更久远。

特尔莫从约翰逊本人那里听说了这种葡萄酒的故事，这启发了他在马拉加山脉寻找老藤麝香葡萄园。他询问当地的老人是否知道如何酿造他们祖辈的葡萄酒，然后特尔莫便按照老人们所说的方法去酿酒。我知道他还和滴金酒庄的主人一起研究了神秘酒的酿酒流程（滴金可能是世界上最著名的甜酒），特尔莫使用了一些他们向他解释的酿造方法。他将自己的葡萄酒称为 Molino Real，并以高山酒（Mountain Wine）为副标题，纪念那些传统、英国的先驱者和休·约翰逊的神秘老酒。当特尔莫酿出第一批 Molino Real 时，他将其带给约翰逊品尝，随后约翰逊在他的书中写道："品尝那款葡萄酒就像看到鬼魂了一样，

这是惠灵顿公爵葡萄酒长生不老的灵魂被关押了几十年，正等待着被释放。"

马拉加系列包括一款干型麝香葡萄酒，这一类别似乎发展势头正劲，还有两款甜酒——更平易近人的

入门级 MR 和 Molino Real。在特别的年份，如 1997 年或 2005 年，他们推出了小批次、陈年时间更长的酒款，称为 Molino Real Old Mountain，是世界上最好的麝香葡萄酒之一。

杜埃罗河岸、托罗、塞夫雷罗斯、斗罗、瓦尔德奥拉斯

我记得 1998 年和一群葡萄酒爱好者首次拜访了莱美尤丽。特尔莫告诉我："1998 年秋天的那次相聚是我在离开莱美尤丽前张罗的最后一顿晚餐。"现在看来似乎很容易，但当时想要买瓶 Chateau Rayas、Beaucastel、Clape 或 Chave 酒庄的葡萄酒，在西班牙几乎是不可能的。然而，这些葡萄酒都在特尔莫的酒窖里。那天晚上我们都很兴奋，期待着特尔莫会为我们开什么宝藏葡萄酒。那是一瓶 1990 年份的"致敬雅克·佩兰"红葡萄酒（Hommage a Jacques Perrin），来自 Beaucastel 酒庄。特尔莫说："那顿晚餐后不久，我得了肝炎，而我越来越想在公司里做更多的事情……"

"1998 年是公司真正起飞的时候。我们从杜埃罗河岸开始，然后是托罗及其他产区。如今，在多个产区工作变得更加普遍，但当我们刚开始的时候，没人会这么做。人们觉得这很奇怪，甚至有人觉得这样很滑稽，觉得我们疯了。实际上我们确实是有点疯狂……"

1999 年，特尔莫来到塞夫雷罗斯，当时格雷多斯山脉地区只出产按升出售或利乐包装的散装葡萄酒。不过，特尔莫早就看到了当地被牧道穿越的葡萄园的潜力。他们与拉力赛车手卡洛斯·塞恩斯（Carlos Sainz）一起修复了一家老酒庄。他们的第一款葡萄酒叫 Pegaso，带点儿向传奇的西班牙卡车制造商致敬的意思，而这家同名的制造商已经不复存在。在格雷多斯经常可以看到一件有趣的事：一些庄园的门是用旧的床架搭成的，有些真的很古老，也非常漂亮。特尔莫说："有一天我在田间散步，发现

了一块别人扔掉的旧弹簧床垫。我觉得它看起来棒极了，床和弹出的铁丝构成了一个十字形。我捡走了这块床垫，并把它画在了酒标上。"不仅如此，我还记得特尔莫把床垫挂在了他在马德里 Lagasca 街的旧公寓墙上，仿佛是一件艺术品。

这块出产 Pegaso 的葡萄园位于板岩土壤上，因此酒标上还会出现 Barrancos de Pizarra，意为板岩的峡谷。尽管如此，我倒不觉得这是因为当时他们还打算在花岗岩土壤上做另一款 Pegaso，不过几年后他们真这么做了。这两款 Pegaso 都是由歌海娜酿造，歌海娜是当地的主要葡萄品种，两款酒来自同一地区、同一年份，相同的酿造和陈年方式，唯一的区别只在于葡萄种植的土壤，这能为大家提供极好的对比品鉴的机会。

我和大家一样，都叫歌海娜"Garnacha"，但特尔莫有他自己的特别叫法，他总是叫歌海娜"Garnacho"；他会用法语中特级园（grand cru）的西班牙语直译"grandes crudos"来称呼最好的葡萄园；也会把肋骨（costillas）叫做"huesos（骨头）"。

特尔莫的葡萄酒公司在许多产区酿酒，如阿利坎特、希加雷斯（Cigales）、斗罗、格雷多斯、马拉加、纳瓦拉、杜埃罗河岸、卢埃达、托罗、瓦尔德奥拉斯……当然还有里奥哈！如果我们要详细介绍特尔莫酿造的所有葡萄酒，那就说来话长了，至少得有 25 款或 30 款。这还不算莱美尤丽出品的酒款！每个产区都有自己的故事和个性，只提及其中的一部分可能并不公平，但生活就是不公平的，不是吗？

特尔莫一直对葡萄牙的斗罗产区很感兴趣。他与

德克·尼波特是好朋友，德克是葡萄牙葡萄酒积极的推动者，特尔莫和他推出了"合作款"葡萄酒——一款产自尼波特酒庄的斗罗红葡萄酒，融合了他们俩的想法。特尔莫当时来到斗罗产区并留下了一个大木桶，他想用这个木桶进行发酵。第一年，他们手工为葡萄去梗，那些是我一生中见过的最完美的葡萄。当时我在尼波特酒庄吃晚饭，晚餐后，德克说："来，现在该干点活了！"原来他们想要像过去一直做的那样，用脚踩葡萄，于是我们都在凌晨跨入了大桶踩皮。

我不太确定发生了什么，希望不是我的错，因为他们从未发布过那个年份的酒，而我们不得不等到下一年。有段时间我经常去斗罗产区，在一次拜访中，德克告诉我："我们现在有特尔莫的酒啦。"然后，他给我看了一个勃艮第型的酒瓶，上面贴着"Omlet"的标签。我有些惊讶地问："为什么你们叫这酒'Omlet'（煎蛋卷）呢？"德克笑着对我说："不是的！只是我们不知道该怎么命名这个酒，在酒庄里我们总叫这酒特尔莫（Telmo），快去检查下特尔莫，让我们装瓶特尔莫吧……因此，我们思来想去，不如就叫它特尔莫吧，最终就这么决定了，只是我们把字母倒过来拼写了！"

受家庭的影响，特尔莫一直与艺术家、设计师和文化界的人士保持联系。他的葡萄酒酒标通常具有原创性、吸引力，简约且经典，其中许多是由著名设计师费尔南多·古铁雷斯（Fernando Gutiérrez）设计的，他是《斗牛士》杂志（Matador）的设计师和艺术总监。

当特尔莫他们初来加利西亚的瓦尔德奥拉斯产区时，当地还没什么有名气的葡萄酒。按照一贯的工作方式，他们先开始酿造一些简单易饮且平价的葡萄酒，尝试去了解产区的潜力，同时去寻找那些伟大的葡萄园或者曾出现过伟大葡萄园的地方。随后，他们便以2010年第一个年份的As Caborcas红葡萄酒惊艳登场，这款酒产自比贝河（Río Bibei）河岸边同名的老藤葡萄园，尽管当地是以格德约酿造白葡萄酒为主导的产区。葡萄园位于比贝河的岸边，正好与萨克拉河岸相对。葡萄酒的酒标则借用了附近艾尔米达斯圣殿（Santuario de As Ermidas）的样子，圣殿位于比贝河的峡谷中，四周环绕着梯田和河岸，这些土地过去一定是葡萄园。令人讶异的是，这处加利西亚巴洛克时代的建筑瑰宝居然无人知晓。葡萄园同样让人印象深刻，在花岗岩梯田上生长着盘根错节的老藤门西亚葡萄，如同古老葡萄园中常见的情形，其间还点缀着其他葡萄品种，如苏松、廷托雷拉歌海娜、梅伦萨奥、格德约或布兰切亚奥。As Caborcas 是一款浅色而香味浓郁的葡萄酒，酒精浓度较低，非常清新，是新派加利西亚红葡萄酒的典型。

同时，他们还买下了毗邻的山坡栽种葡萄，这里是圣克鲁兹最著名的葡萄园之一，他们在瓦尔德奥拉斯产区的总部就位于这个村子。当地人都会充满敬意地说起这处最好的葡萄园——La Capilla de la Falcoeira，这里出产的葡萄酒最终沿用了葡萄园的名字——Falcoeira 'A Capilla'，酒标则类似于 As Caborcas 的图样。目前，他们在瓦尔德奥拉斯出产 2 款白葡萄酒和 3 款红葡萄酒。

特尔莫葡萄酒公司还是一个很好的大熔炉，他们在西班牙不同产区的不同项目培育出了一批出色的葡萄种植者和酿酒师，如格雷多斯产区的 Comando G 和 Marañones 酒庄的费尔南多·加西亚，曼确拉产区的胡安·安东尼奥·庞塞（Juan Antonio Ponce），以及往来于里奥哈、纳瓦拉和阿尔兰萨（Arlanza）产区的法国人奥利维尔·里维埃（Olivier Rivière）。曾几何时，特尔莫葡萄酒公司在不同产区有多达 10 位酿酒师为其工作。

Lanzaga 酒庄布满了橡木桶条的装饰

回到未来

在众多产区工作以后，他们自然而然地回到了家乡里奥哈阿拉维萨（Rioja Alavesa），去尝试"重新发现"里奥哈的精髓。多年后，一起冲浪的朋友之一成为建筑师，并设计了他们在朗榭戈村（Lanciego）的酒庄，这是他们伟大的项目，也是心之所向的地方。酒庄的LZ、Lanzaga和Altos de Lanzaga酒款都来自朗榭戈村的葡萄园，他们在那里慢慢翻新围墙和土路，关注周边环境，重新栽种葡萄……他们还在逐步准备另一个惊喜……

在离开12年后，2010年收获季前，特尔莫回到了莱美尤丽，和他的妹妹阿玛伊娅（Amaia）一起接管了家族产业。特尔莫是和他的合作伙伴一起回来的，因此圆满地回到了起点。

特尔莫说："多年前，我们在奥遥里村（Ollauri）买下了一个古老的酒窖，这个村子是里奥哈最具传统的村庄之一。那个酒窖曾为村民们酿造葡萄酒，这迫使我们去了解人们过去的酿造方式，并完全遵循这些方法。我们买下了这个小酒庄，并非常幸运地也买下了一片壮观的葡萄园，在那里我们酿造出了一款非常特别的葡萄酒——Las Beatas。"我之前提到的惊喜就是这个。

Las Beatas葡萄园距离莱美尤丽不远，就像是皇冠上的明珠，是他们一切努力的顶点：疯狂地工作和出差，为葡萄园倾其所有，多年来在路上、在飞机上的时间。葡萄园由一系列小型梯田组成，根据所处斜坡的轮廓而改变朝向，栽种着葡萄园前主人留下的老藤。补种的新藤是不同品种的混种，以传统方式种植在最陡峭的山坡上，每株葡萄都用杆子来引导方向。这是一个了不起的地方，具有一种可以激发灵感的能量，让人觉得那是一个特殊的地方，必须出品最棒的葡萄酒。

Las Beatas葡萄酒来得正是时候。返璞归真、回归过去，这是他们一直捍卫的哲学，而这一哲学开始受到重视。这款葡萄酒的特点也正好符合现在热爱葡萄酒的人们所追寻的，但这不是市场营销的技巧，也不是即兴创作的东西，这是他们为之努力了很久的事业，在恰当的时机成熟了而已。突然，一切都水到渠成了。"我还在犹豫这酒是应该现在年轻的时候装瓶，还是应该留在橡木桶中加长陈年时间，我不确定。"特尔莫向我展示了为数不多的2011年份的Las Beatas，这是它的第一个年份。我第一次闻到和品尝Las Beatas，那时还完全不了解背后的故事，但在某种程度上，葡萄酒告诉了我一切。

2015年我回到莱美尤丽，找巴勃罗和特尔莫详细聊了一下，品尝了他们新年份的葡萄酒，追忆了1998年的那顿晚餐，并在厨房巨大的壁炉前再次享用了里奥哈的特色菜。我们吃了里奥哈风味土豆（Patatas a la Riojana）、肋排和藤葱；我们喝了一瓶150年以上的极好的马德拉酒（Madeira），这款酒让我们穿越时空，想象当时酿造它的人们是怎样的，他们可没有什么工具；我们想象他们的生活方式，可能也没有电或鞋子。他们做梦也不会想到，150年后，这瓶酒会在西班牙被喝掉。

我们在一场大雪之后来到莱美尤丽，这是1999年以来最大的一次降雪，提供了10年之内都很难再见到的雪景照片。突然，特尔莫说："来吧，我们得去教堂摆乌鸦了。"我们很困惑，面面相觑，不过还是跟着他走了……

特尔莫介绍说："这里的画都是文森特·阿梅兹托伊（Vicente Ameztoy）的作品，他出生于圣塞巴斯蒂安的一个传统家庭，是位非常重要的画家。"文森特是特蕾莎·阿梅兹托伊（Teresa Ameztoy）的叔叔，特蕾莎在20世纪90年代末曾在莱美尤丽担任酿酒师，我在那时认识了她；后来她去了葡萄牙，现在是斗罗产区重要酒庄 Ramos Pinto 的酿酒师。特雷莎的弟弟加布里埃尔也涉足葡萄酒，有时会与特尔莫的弟弟桑乔一起合作酿酒，他们的项目叫做 Vinos Subterráneos（地下葡萄酒）。"文森特·阿梅兹托伊是我父母的朋友，我父母说服他将莱美尤丽的圣徒们画在教堂里。莱美尤丽的很多地方都以圣徒的名字命名，因为这里曾是修道院。我们有圣撒比纳（Santa Sabina）、教堂的圣女，还有几个地块分别名为圣欧拉利娅（Santa Eulalia）、圣克里斯托瓦尔（San Cristóbal）和圣文森特（San Vicente），所有圣徒都是文森特画的。他也用了许多模特，其中一些还坐在那里很久让他描摹。当时我也没给他摆过姿势，甚至根本没意识到我是个模特，但我是他画圣吉尼斯（San Ginés）的灵感来源，圣吉尼斯那幅画里的人是我！"

除了圣徒，我们也欣赏了一幅迷幻风格的绘画作品，让我想起了艾伦·帕森斯（Alan Parsons）的曲子《天空之眼》（Eye in the Sky）。特尔莫说："这是文森特对天堂的一种诠释，一条鱼代表了生命尽头的他自己，猴子则是门卫……"与此同时，特尔莫的儿子马特奥（Mateo）在教堂的一根横梁上放了一只乌鸦像。特尔莫纠正了他："你得把乌鸦面对圣文森特，再向右放一点。"圣文森特是农民的守护神。"传说中乌鸦保护了圣文森特的尸身永不腐坏，使其免受害虫侵扰。我们一直在寻找一只乌鸦像放在教堂里，让它来守护圣文森特……"

《斗牛士宣言》: 未来扎根于过去

回到家中，特尔莫突然改变了话题："我希望莱美尤丽成为一个聚点，向所有人开放，人们可以来这里聚会、研讨和品酒。我们深知没有启动资金的艰辛，我们想通过帮助刚起步的年轻酿酒师来部分实现'回馈葡萄酒给予我们的东西'这个理念。"回馈葡萄酒给予我们的东西？这是怎么回事？"我总是和巴勃罗说，我们必须回馈葡萄酒给予我们的东西，巴勃罗则狐疑地看着我，他觉得我们自己也没什么钱，又拿什么回馈呢？"

"现在是对他人慷慨的时候了。我们应该帮助那些刚起步的创业者，这是我们可以回馈葡萄酒给予我们的东西的方式。"说干就干，特尔莫通过他的朋友——《斗牛士》杂志社的阿尔伯托·阿纳特（Alberto Anaut）召集了会议（杂志社同时也成为马

德里的一个私人俱乐部——斗牛士俱乐部），讨论西班牙葡萄园的未来，以及原产地名称保护需要认识到葡萄园之间的不同。这场会议诞生了著名的《斗牛士宣言》（Manifesto Matador），全文可在本书的后记中读到。

这是一个非常浪漫和理想主义的想法，但他们也要生活。"我们有便宜的葡萄酒，那是我们的'面包和黄油'，让我们饱腹；同时我们也在寻找那些被遗忘的葡萄园。"也许有人只看到了他们商业化的表象，从而无法理解其背后真正的目标。

敞开莱美尤丽大门的想法并不是一句漂亮的空话，他们已经这么做了。宣言发表6个月后，在莱美尤丽举行了第一届葡萄栽培会议，参会者150多人，都是关注葡萄栽培话题的葡萄种植者、作家和葡萄

酒爱好者，他们齐聚庄园酒窖讨论相关问题。整场活动包括一系列的会议和圆桌讨论，大家还品鉴了参会人员的葡萄酒，并在乡野间共享盛大的一餐。"重要的是，这些小生产商需要彼此了解、共享信息并成为朋友。要是别人介绍你的时候，把你当成其他生产商的竞争对手，会是件很悲哀的事。"不仅如此，他们已经宣布将举行更多的会议并提议更多的活动。"是时候了，我们回馈给葡萄酒的应该远超过葡萄酒给予我们的。"

"地区复兴、保护传统、高杯式葡萄栽种方式、为创业者提供帮助，这就是我在说的回馈。我们所做的一切都是在复原，而非尝试发明任何新事物。实际上，我们的座右铭是'未来扎根于过去'（El futuro es el pasado）。"

这个概念并非新鲜事物了，但看起来如今的西班牙葡萄酒世界又要为此掀起一股新浪潮了。实际上，这就是他们从一开始就为之努力的方向。不过，他们不再是唯一为复兴葡萄园和传统而奋斗的人了，现在已经有很多人加入了。一切都开始变得有意义，所有事都变得明朗起来，越来越多的人开始朝着同一方向前进。

"随着年龄的增长，我认为我们应该支持后辈，帮助那些刚刚起步的年轻人。"不是说特尔莫成了一位慈善家，不过他工作的一部分确实在于激励大家，将那些想做对的事情的人，那些希望"西班牙拥有世界上最好而不是最大的葡萄园"的人们聚集到一起。

为未来而耕种

后记

2015 年 11 月 15 日，以"对伟大的西班牙葡萄园的反思"为名义，一批对葡萄园质量感兴趣的人聚集在一起，进行了一系列辩论，最终发表了《斗牛士宣言》。这份宣言获得了 200 多位西班牙葡萄酒界最重要的人物的签名。我觉得这是将葡萄酒给予他们的大部分都回馈给葡萄酒的行为之一。我认为构成本书文字的大部分思想在第十四章中提到的《斗牛士宣言》中得到了很好的总结。《斗牛士宣言》原文如下。

西班牙是欧洲生物多样性和自然条件最丰富的国家，但同时在尊重和保护环境方面，也是最受质疑的国家之一。在葡萄酒的世界也不例外。

从原产地的角度来看，原产地名称保护制度已经有效地说清楚了一些事情，但它的目的不是区分土壤和自然条件，也没有倡导质量原则。在西班牙，一些政策的制定使我们的葡萄园成为世界上最大的葡萄园，但还没有采取行动让它们成为最好的葡萄园。

然而，我们拥有历史、土地和必需的激情，足以获得最好的地块和绝佳的葡萄园。

因此，我们认为有必要进行深刻的变革并开辟一条新的道路，使我们能够珍视我们所拥有的毋庸置疑的葡萄酒遗产。这必须是一个影响到行业内所有人的全局变化，从生产者到行政部门的每一个部分。

世界上所有伟大的葡萄酒都产自杰出的葡萄园。这就是为什么最负盛名的葡萄酒产区始终从这些非

MANIFIESTO
CLUB MATADOR

LOS VIÑEDOS
DE EXCEPCIÓN

凡的葡萄园出发进行立法，以捍卫和保护它们。

我们坚信，根据其原产地、质量、特性和真实性来标识葡萄酒的最佳方法是推广一个金字塔形的构架：底部是用原产地名称保护区域内任何地方的葡萄酿造的葡萄酒，往上是村级葡萄酒，在金字塔的顶部是地块级葡萄酒。

所有的生产者都将受益。我们认为，通过提高门槛并更严格地自我要求，我们将能够获得改善，能够更好地说明我们国家酿酒行业的现状，并且有助于更好地销售葡萄酒。

因此，我们希望各管理委员会对西班牙正在出现的新的葡萄栽培和酿造现实保持敏感，并帮助展示每个我们现有产区内部存在的差异。因为我们知道这种差异化是不同凡响的基础原则，而且风土葡萄酒运动势不可挡，并且正在成为使西班牙葡萄酒变得更好和更受赞赏的最佳道路。

文本被逐一发送到西班牙所有的葡萄酒原产地名称保护产区，然而没有得到任何答复。

恢复葡萄园和种植区域以防止它们流失，这一想法与《斗牛士宣言》不谋而合。几乎所有出现在本书中的人（包括作者和出版商）都是《斗牛士宣言》的签署人，或者参加了"第一届葡萄栽培会议"，或两者兼而有之。

突然之间，我们一直在与葡萄种植者讨论的一切都有了意义。特尔莫和巴勃罗早就开始做的事情（拯救和恢复）与之不谋而合。突然之间，我们意识到所有这些葡萄种植者的所作所为都是殊途同归的。

Envínate 的酿酒师们在一本历史书中发现了特内里费令人屏息凝神的葡萄园；丹尼和费尔用他们的 Rumbo al Norte 将歌海娜提升到 1 200 米的高度；爱德华多将流动的历史装入了他不同编号的雪利桶中；伊涅基发现"Mama"在古巴斯克语中的意思是"极高质量的苹果酒"，并用远古的品种重新诠释了它；豪尔赫在他的镇上挽救了丹魄和阿比约的遗产，并重新酿造淡红葡萄酒。

何塞·玛丽亚溺爱着由祖父种下的未嫁接莫纳斯特雷尔葡萄藤；巴勃罗拂去那些埋藏的罐子和 17 世纪石槽上的灰尘，让它们再次被曼多葡萄浸没；佩德罗使萨克拉河岸的那些风景通过像 Capeliños 这样的葡萄园来到瓶中；佩佩在马背上翻耕 El Serral 的那些沙雷罗，让起泡酒打破陈规；拉法·博纳佩的足迹遍布拉马塔自然公园，避免了麝香和莫赛格拉葡萄的消失；雷内和萨拉在普里奥拉托的板岩土壤和老藤歌海娜与佳丽酿之间，回归了老酒（Rancio）的传统；里卡多亲自为他的"La Faraona"酿酒葡萄门西亚剪枝并宠爱有加；罗德里在 Genoveva 农场用 180 年的葡萄藤榨汁，让我们可以喝到 40 年前一样的卡伊尼奥葡萄酒。所有的一切都是殊途同归的，所有的人都在做着同样的事情，所有的人都朝着一个方向。幸运的是，他们并不是独行者，当然在本书中无法记录下所有的人。**未来扎根于过去。**